Cepheid

세페이드

2F 지구과학 (하)
개정판

★ ★ ★ ★ ★

세페이드 시리즈의 구성

이제 편안하게 과학공부를 즐길 수 있습니다.

1F
중등과학 기초
물리학 · 화학 (초5~중1)

2F
중등과학 완성
물 · 화 · 생 · 지 (중1~3)

3F
고등과학 Ⅰ
물 · 화 · 생 · 지 (중2~고3)

4F
고등과학 Ⅱ
물 · 화 · 생 · 지 (중3~고3)

5F
실전 문제 풀이
물 · 화 · 생 · 지 (중3~고3)

세페이드
모의고사

세페이드
고등 통합과학

세페이드
고등학교 물리학 Ⅰ

세페이드

2F 지구과학 (하)
개정판

창의력과학의 대표 브랜드

과학 학습의 지평을 넓히다!
단계별 과학 학습
창의력과학 세페이드 시리즈!

단원별 내용 구성

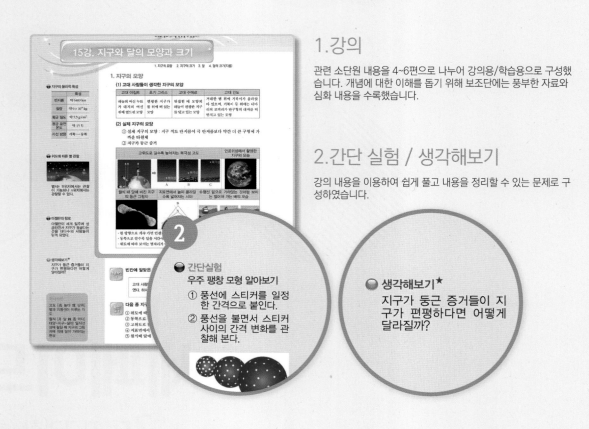

1.강의

관련 소단원 내용을 4~6편으로 나누어 강의용/학습용으로 구성했습니다. 개념에 대한 이해를 돕기 위해 보조단에는 풍부한 자료와 심화 내용을 수록했습니다.

2.간단 실험 / 생각해보기

강의 내용을 이용하여 쉽게 풀고 내용을 정리할 수 있는 문제로 구성하였습니다.

간단실험
우주 팽창 모형 알아보기
① 풍선에 스티커를 일정한 간격으로 붙인다.
② 풍선을 불면서 스티커 사이의 간격 변화를 관찰해 본다.

생각해보기★
지구가 둥근 증거들이 지구가 편평하다면 어떻게 달라질까?

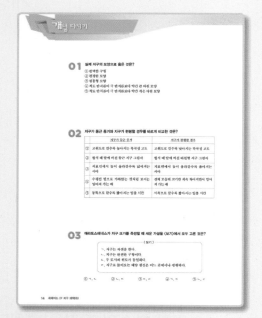

3.개념확인, 확인+, 개념다지기

강의 내용을 이용하여 쉽게 풀고 내용을 정리할 수 있는 문제로 구성하였습니다.

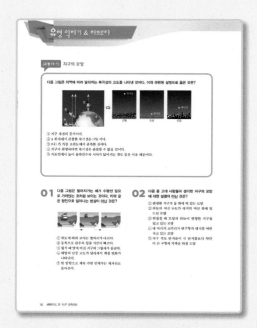

4. 유형 익히기 & 하브루타

관련 소단원 내용을 유형별로 나누어서 각 유형별로 대표 문제와 연습 문제를 제시하였습니다.

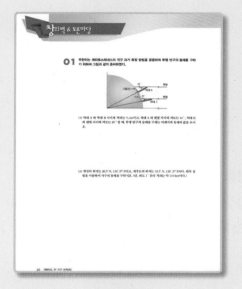

5.창의력 & 토론 마당

관련 소단원 내용에 관련된 창의력 문제를 풍부하게 제시하여 창의력을 향상시킴과 동시에 질문을 자연스럽게 이끌어 낼 수 있도록 하였고, 관련 주제에 대한 토론이 가능하도록 하였습니다.

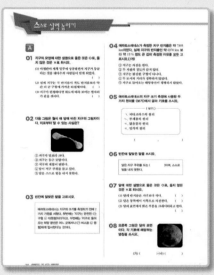

6.스스로 실력 높이기

학습한 내용에 대한 복습 문제를 오답문제와 같이 충분한 양을 제공하였습니다. 연장 학습이 가능할 것입니다.

7.Project

대단원이 마무리될 때마다 충분한 읽기자료를 제공하여 서술형/논술형 문제에 답하도록 하였고, 단원의 주요 실험을 할 수 있도록 하였습니다. 융합형 문제가 같이 제시되므로 STEAM 활동이 가능할 것입니다.

CONTENTS |목차

2F 지구과학(하)

V

지구와 달

지구와 달의 운동의 영향으로 우리 생활은 어떻게 변화될까?

15강. 지구와 달의 모양과 크기

1. 지구의 모양   2. 지구의 크기   3. 달   4. 달의 크기(지름)

1. 지구의 모양

(1) 고대 사람들이 생각한 지구의 모양

고대 이집트	초기 그리스	고대 수메르	고대 인도
하늘의 여신 누트가 대지의 여신 위에 엎드린 모양	편평한 지구가 물 위에 떠 있는 모양	뒤집힌 배 모양의 하늘이 편평한 지구를 덮고 있는 모양	거대한 뱀 위에 거북이가 올라앉아 있으며, 거북이 등 위에는 네 마리의 코끼리가 반구형의 대지를 떠받치고 있는 모양

(2) 실제 지구의 모양

① 실제 지구의 모양 : 지구 적도 반지름이 극 반지름보다 약간 더 큰 구형에 가까운 타원체
② 지구가 둥근 증거

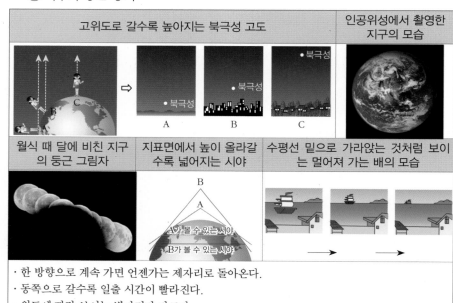

· 한 방향으로 계속 가면 언젠가는 제자리로 돌아온다.
· 동쪽으로 갈수록 일출 시간이 빨라진다.
· 위도에 따라 보이는 별자리가 다르다.

지구의 물리적 특성

	특성
반지름	약 6400 km
질량	약 6×10^{24} kg
평균 밀도	약 5.5 g/cm³
평균 표면 온도	약 15 ℃
자전 방향	서쪽 → 동쪽

위도에 따른 별 관찰

별S는 B위치에서는 관찰이 가능하나 A위치에서는 관찰할 수 없다.

마젤란의 항로

마젤란이 세계 일주에 성공하면서 지구가 둥글다는 것을 대다수의 사람들이 믿게 되었다.

생각해보기★

지구가 둥근 증거들이 지구가 편평하다면 어떻게 달라질까?

미니사전

고도 [高 높다 度 단위]
별과 지평선이 이루는 각도

월식 [月 달 蝕 좀 먹다]
태양-지구-달이 일직선상에 놓일 때 지구의 그림자에 의해 달이 가려지는 현상

개념확인 1 빈칸에 알맞은 말을 고르시오.

고대 사람들은 대부분 지구의 모양을 (㉠ 편평한 ㉡ 둥근) 모양이라고 생각하였다. 하지만 실제 지구의 모양은 (㉠ 원형 ㉡ 타원형)이다.

확인 +1 다음 중 지구가 둥근 모양이라는 것의 증거로 옳지 않은 것은?

① 위도에 따라 보이는 별자리가 다르다.
② 동쪽으로 갈수록 일출 시간이 빨라진다.
③ 고위도로 갈수록 북극성의 고도가 높아진다.
④ 지표면에서 높이 올라갈수록 시야가 좁아진다.
⑤ 월식때 달에 비친 지구의 둥근 그림자를 볼 수 있다.

2. 지구의 크기

(1) 에라토스테네스의 지구 크기 측정

① 가정
- 지구는 완전한 구형이다.
- 지구로 들어오는 태양 광선은 어느 곳에서나 평행하다.

② 측정 과정

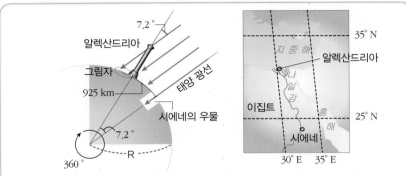

1. 하짓날 정오 시에네의 우물에 태양빛이 수직으로 비출 때, 알렉산드리아에 있는 탑의 끝과 그 탑의 그림자의 끝은 7.2 ° 기울었다.
2. 알렉산드리아와 시에네 사이의 거리 : 직접 걸어서 잰 거리는 약 5,000스타디아(약 925 km)이다.
3. 비례식을 이용하여 지구의 크기 측정
   7.2 ° : 호의 길이(925 km) = 360 ° : 지구의 둘레($2\pi R$)

$$R = \frac{360\,°}{7.2\,°} \times \frac{925\ km}{2\pi} \fallingdotseq 7365\ km$$

③ 결론 : 지구의 실제 반지름(약 6370 km)보다 약 15 % 정도 크다.

〈 오차 원인 〉
- 두 도시의 경도가 동일하지 않다. (약 3 ° 차이)
- 지구는 완전한 구형이 아닌 타원체이다.
- 두 도시의 거리가 정확하게 측정되지 않았다.

정답 및 해설 02쪽

 개념확인 2

에라토스테네스가 지구를 측정하기 위하여 세운 비례식을 완성하시오.

> 7.2 ° : 호의 길이 = (   ) ° : (   )

 확인 + 2

다음 중 에라토스테네스가 측정한 지구의 크기가 오차가 생긴 원인으로 옳은 것은?

① 지구가 구형이다.
② 정오에 측정하였다.
③ 두 도시의 위도가 동일하지 않았다.
④ 두 도시의 거리를 걸어서 측정하였다.
⑤ 부채꼴의 원리를 이용한 비례식을 사용하였다.

지구 크기 측정의 원리

- 부채꼴의 호의 길이(l)는 중심각의 크기(θ)에 비례한다. (부채꼴의 원리)

   $\theta : l = \theta' : l'$
   $\theta : \theta' = l : l'$

- 직선 A와 B가 평행일 때, θ와 θ'는 엇각으로 서로 같다. (엇각의 원리)

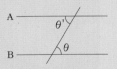

오늘날 지구의 크기 측정

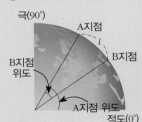

에라토스테네스가 이용한 원리와 같다. 같은 경도 상의 두 지점의 위도 차를 이용하여 두 지점 사이의 중심각을 찾는다.
→ 지구의 둘레 : l
   = 360 ° : 위도 차
   (l = 두 지점 사이의 거리)

미니사전

경도 [經 지나다 度 단위]
지구의 위치를 나타내는 좌표축 중 세로로 된 것. 그 지점을 지나는 자오선과 런던의 그리니치 천문대를 지나는 본초 자오선이 이루는 각도

위도 [緯 가로 度 단위]
지구의 위치를 나타내는 좌표축 중 가로로 된 것. 적도를 중심으로 하여 남북으로 평행하게 그은 선

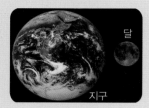

● 생각해보기★★
① 대기가 없을 때 하늘이 검게 보이는 이유는 무엇일까?
② 달의 표면에 있는 운석 구덩이가 바다보다 고지에 더 많이 분포하는 이유는 무엇일까요?

3. 달

(1) 달의 특징 : 달은 지구 주위를 도는 위성이며, 스스로 빛을 내지 못한다.

① 물리적 특징

	반지름	질량	표면 중력	평균 밀도	표면 온도	자전 방향
달	약 1738 km	약 7.35×10^{22} kg	약 1.6 m/s^2	약 3.3 g/cm^3	낮 120 ℃ ~ 밤 -170 ℃	서쪽 → 동쪽
비교	지구의 $\frac{1}{4}$	지구의 $\frac{1}{80}$	지구의 $\frac{1}{6}$	지구 = 약 5.5 g/cm^3	지구 = 약 15 ℃	

② 물과 대기가 없어서 나타나는 특징들

- · 일교차가 매우 크다.
- · 소리가 전달되지 않는다.
- · 낮에도 하늘이 검게 보인다.
- · 풍화와 침식 작용이 일어나지 않는다.
- · 기상 현상(비, 바람, 구름 등)이 일어나지 않는다.

(2) 달의 표면

고지	바다	운석 구덩이(크레이터)
· 밝은 부분 · 주위보다 높고 험준한 고지대 · 많은 운석 구덩이	· 어두운 부분 · 주위보다 낮고 평탄한 저지대 · 적은 운석 구덩이 · 현무암질 암석으로 구성	· 유성체의 충돌로 인하여 생긴 큰 구덩이 · 바다보다 고지에 더 많이 분포

개념확인 3

빈칸에 알맞은 말을 쓰시오.

달의 표면 중 주위보다 높고 험준한 고지대로 주변보다 밝은 부분을 (   )라고 하며, 주위보다 낮고 평탄한 저지대로 주변보다 어두운 부분을 (   )라고 한다.

확인 +3

다음 중 달에서 물과 대기가 없기 때문에 나타나는 현상으로 옳은 것은?

① 바다에 물이 있다.
② 서쪽에서 동쪽으로 자전을 한다.
③ 풍화와 침식 작용이 일어나지 않는다.
④ 현무암질 암석으로 구성된 바다가 있다.
⑤ 지구의 표면 중력보다 작은 표면 중력을 갖는다.

4. 달의 크기(지름)

(1) 각지름을 이용하는 방법

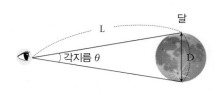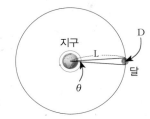

지구를 중심으로 하고 지구와 달까지의 거리 L을 반지름으로 하는 큰 원을 그릴 때, 달의 각지름 $\theta(0.5°)$에 해당하는 부채꼴의 호의 길이가 달의 지름 D에 해당한다.

$$2\pi L : 360° = D : \theta \qquad \therefore D = \frac{\theta \times 2\pi L}{360°}$$

(2) 삼각형의 닮음비를 이용하는 방법

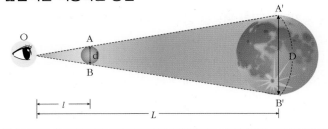

크기(d)를 알고 있는 물체를 이용하여 보름달을 가릴 때 물체와 관측자와의 거리 (l)를 측정하면 삼각형의 닮은꼴($\triangle OAB \backsim \triangle OA'B'$)을 이용하여 달의 지름 D를 구할 수 있다. (각지름이 같은 두 물체의 거리비와 지름비는 같다.)

물체의 크기 : 관측자와 물체 사이의 거리 = 달의 지름 : 지구에서 달까지의 거리

$$d : l = D : L \qquad \therefore D = \frac{d \times L}{l}$$

정답 및 해설 **02쪽**

 빈칸에 알맞은 말을 쓰시오.

달의 크기를 측정하는 방법으로는 (   )을(를) 이용하는 방법과 삼각형의 (   )을(를) 이용하는 방법이 있다.

 다음 그림과 같은 방법으로 달의 크기를 구하려고 한다. 비례식을 완성하시오.

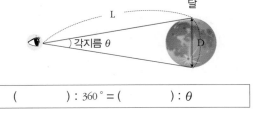

$$(\quad\quad) : 360° = (\quad\quad) : \theta$$

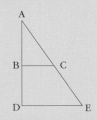

● 닮은 꼴 삼각형

두 삼각형이 닮은 꼴일 경우 비례식이 성립한다.

$$\overline{AB} : \overline{AC} = \overline{AD} : \overline{AE}$$

● 달까지의 거리(L)

달까지의 거리는 전파를 이용하여 구한다. 지구에서 달로 전파를 보내면 되돌아오는데 걸리는 시간이 2.56초이다.

$L = \frac{1}{2} \times$ 걸린 시간 $\times$ 전파 속도

$= \frac{1}{2} \times 2.56\,s \times 3 \times 10^5\,m/s^2$

$\therefore L \fallingdotseq 3.8 \times 10^5\,km$

미니사전

각지름 [角 각도 −지름] 멀리 떨어져 있는 두 점을 관측자와 연결하였을 때 두 선분이 이루는 각 (= 시지름, 각거리)

01 실제 지구의 모양으로 옳은 것은?

① 완벽한 구형
② 편평한 모양
③ 원통형 모양
④ 적도 반지름이 극 반지름보다 약간 큰 타원 모양
⑤ 적도 반지름이 극 반지름보다 약간 작은 타원 모양

02 지구가 둥근 증거와 지구가 편평할 경우를 바르게 비교한 것은?

	지구가 둥근 증거	지구가 편평할 경우
①	고위도로 갈수록 높아지는 북극성 고도	고위도로 갈수록 낮아지는 북극성 고도
②	월식 때 달에 비친 둥근 지구 그림자	월식 때 달에 비친 타원형 지구 그림자
③	지표면에서 높이 올라갈수록 넓어지는 시야	지표면에서 높이 올라갈수록 좁아지는 시야
④	수평선 밑으로 가라앉는 것처럼 보이는 멀어져 가는 배	전체 모습의 크기만 계속 작아지면서 멀어져 가는 배
⑤	동쪽으로 갈수록 짧아지는 일출 시간	서쪽으로 갈수록 짧아지는 일출 시간

03 에라토스테네스가 지구 크기를 측정할 때 세운 가설을 〈보기〉에서 모두 고른 것은?

─ 〈 보기 〉 ─

ㄱ. 지구는 자전을 한다.
ㄴ. 지구는 완전한 구형이다.
ㄷ. 두 도시의 위도가 동일하다.
ㄹ. 지구로 들어오는 태양 광선은 어느 곳에서나 평행하다.

① ㄱ, ㄴ   ② ㄴ, ㄷ   ③ ㄷ, ㄹ   ④ ㄱ, ㄷ   ⑤ ㄴ, ㄹ

정답 및 해설 02쪽

04 달의 물리적 특징에 대한 설명으로 옳은 것은?

① 달의 질량은 지구보다 크다.
② 달의 평균 밀도는 지구보다 크다.
③ 달의 반지름은 지구 반지름의 4 배이다.
④ 달은 지구 주위를 도는 위성이며 스스로 빛을 낸다.
⑤ 달은 지구의 자전과 같은 방향인 서쪽에서 동쪽으로 자전한다.

05 다음 그림은 달의 표면 모습이다. 이에 대한 설명으로 옳은 것만을 보기에서 있는 대로 고른 것은?

〈 보기 〉

ㄱ. ㉠ 은 고지, ㉡ 은 바다이다.
ㄴ. ㉠ 은 주위보다 낮고 평탄한 저지대이다.
ㄷ. ㉡ 에는 많은 운석 구덩이가 있다.
ㄹ. ㉠ 은 화강암질 암석으로 구성되어 있다.

① ㄱ, ㄴ   ② ㄴ, ㄷ   ③ ㄷ, ㄹ
④ ㄱ, ㄴ, ㄷ   ⑤ ㄱ, ㄴ, ㄷ, ㄹ

06 동전을 이용하여 달의 지름을 구해보려고 한다. 이때 관측자가 알고 있어야 하는 내용을 모두 고르시오.(3개)

① 동전의 크기(지름)
② 달의 각지름
③ 관측자와 달 사이의 거리
④ 관측자와 동전 사이의 거리
⑤ 관측자와 달까지의 거리와 관측자와 동전 사이의 거리 차이

[유형15-1] 지구의 모양

다음 그림은 지역에 따라 달라지는 북극성의 고도를 나타낸 것이다. 이와 관련된 설명으로 옳은 것은?

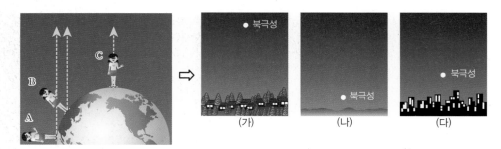

① 지구 자전의 증거이다.
② A 위치에서 관찰한 북극성은 (가) 이다.
③ (나) 가 가장 고위도에서 관측한 것이다.
④ 지구가 편평하다면 북극성은 관찰할 수 없을 것이다.
⑤ 지표면에서 높이 올라갈수록 시야가 넓어지는 것도 같은 이유 때문이다.

01

다음 그림은 멀어져가는 배가 수평선 밑으로 가라앉는 것처럼 보이는 것이다. 이와 같은 원인으로 일어나는 현상이 _아닌_ 것은?

① 위도에 따라 보이는 별자리가 다르다.
② 동쪽으로 갈수록 일출 시간이 빠르다.
③ 월식 때 달에 비친 지구의 그림자가 둥글다.
④ 태양의 남중 고도가 달라져서 계절 변화가 나타난다.
⑤ 한 방향으로 계속 가면 언제가는 제자리로 돌아온다.

02

다음 중 고대 사람들이 생각한 지구의 모양에 대한 설명이 _아닌_ 것은?

① 편평한 지구가 물 위에 떠 있는 모양
② 하늘의 여신 누트가 대지의 여신 위에 엎드린 모양
③ 뒤집힌 배 모양의 하늘이 편평한 지구를 덮고 있는 모양
④ 네 마리의 코끼리가 반구형의 대지를 떠받치고 있는 모양
⑤ 지구 적도 반지름이 극 반지름보다 약간 더 큰 구형에 가까운 타원 모양

[유형15-2] 지구의 크기

다음 그림은 에라토스테네스가 지구 크기를 측정하는 방법을 나타낸 것이다. 이에 대한 설명으로 옳은 것은?

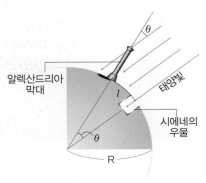

① θ와 l은 직접 측정하는 값이다.
② 알렉산드리아와 시에네의 위도는 같다.
③ 지구는 적도 쪽이 부푼 타원체라는 것을 가정으로 세웠다.
④ 부채꼴의 호의 길이는 중심각에 비례한다는 원리를 이용한 것이다.
⑤ 동짓날 정오에 막대의 끝과 막대의 그림자의 끝이 이루는 각도를 측정하였다.

03 에라토스테네스가 지구 크기를 측정할 때 반드시 측정해야할 값을 〈보기〉에서 모두 고른 것은?

─〈 보기 〉─
ㄱ. 알렉산드리아의 경도
ㄴ. 알렉산드리아에 있는 막대의 길이
ㄷ. 시에네와 알렉산드리아 사이의 거리
ㄹ. 알렉산드리아에서 막대와 막대 그림자가 이루는 각도

① ㄱ, ㄴ   ② ㄴ, ㄷ   ③ ㄷ, ㄹ
④ ㄱ, ㄷ   ⑤ ㄴ, ㄹ

04 에라토스테네스가 측정한 지구의 반지름은 약 7365 km로 실제 지구 반지름인 약 6370 km보다 크게 측정되었다. 이러한 오차가 발생한 원인을 〈보기〉에서 모두 고른 것은?

─〈 보기 〉─
ㄱ. 두 도시의 위도가 같지 않다.
ㄴ. 두 도시의 경도가 같지 않다.
ㄷ. 지구는 완전한 구형이다.
ㄹ. 지구는 타원체이다.
ㅁ. 정확한 거리가 측정되지 않았다.

① ㄱ, ㄴ, ㄷ   ② ㄴ, ㄷ, ㄹ
③ ㄷ, ㄹ, ㅁ   ④ ㄱ, ㄴ, ㄹ
⑤ ㄴ, ㄹ, ㅁ

[유형15-3] 달

다음 그림은 달의 표면에서 관찰할 수 있는 지형이다. 이에 대한 설명으로 옳은 것은?

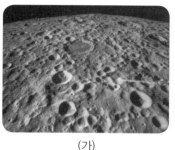

(가)   (나)

① (가) 는 (나) 보다 어두운 부분이다.
② (가) 는 바다이고, (나) 는 고지이다.
③ (가) 는 주위보다 낮고 평탄한 저지대이다.
④ (나) 는 현무암질 암석으로 구성되어 있다.
⑤ (나) 에 (가) 보다 더 많은 크레이터가 분포하고 있다.

05 다음 그림은 NASA에서 공개한 달 표면 사진이다. 2009년부터 비행 중인 달 탐사선 루나 리코네이슨스 오비터(LRO)가 촬영한 이 사진에는 1972년 달 표면을 밟은 마지막 미국 우주인의 발자국 등이 선명하게 나타나 있다. 시간이 지났음에도 다음과 같은 흔적들이 선명하게 남아 있을 수 있었던 이유에 대한 설명으로 옳은 것은?

작업차의 이동 흔적
아폴로17호 착륙 흔적

① 위성이다.
② 물과 대기가 없다.
③ 일교차가 매우 크다.
④ 표면 중력이 지구보다 작다.
⑤ 스스로 빛을 내는 행성이다.

06 다음 그림은 달 표면에 있는 운석 구덩이이다. 이에 대한 설명으로 옳은 것을 보기에서 모두 고른 것은?

─── 〈 보기 〉 ───

ㄱ. 달에서만 관찰할 수 있다.
ㄴ. 유성체의 충돌로 생긴 것이다.
ㄷ. 바다보다 고지에 더 많이 분포하고 있다.

① ㄱ   ② ㄴ   ③ ㄷ
④ ㄱ, ㄴ   ⑤ ㄴ, ㄷ

[유형15-4] 달의 크기

다음 그림은 달의 크기를 측정하는 방법을 나타낸 것이다. 이에 대한 설명으로 옳지 <u>않은</u> 것은?

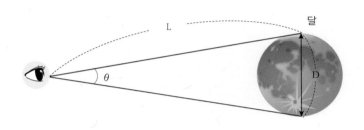 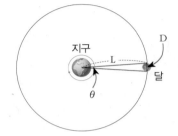

① 비례식 $2\pi L : \theta = D : 360°$ 을 이용한다.
② 각지름을 이용하여 달의 크기를 측정하는 방법이다.
③ 지구에서 달까지의 거리는 반드시 알고 있어야 한다.
④ 지구에서 본 달의 각지름을 반드시 알고 있어야 한다.
⑤ 달에서 본 지구의 각지름과 지구에서 달까지의 거리를 알고 있으면 지구의 크기도 알 수 있다.

07 다음 그림은 물체를 이용하여 달의 크기를 측정하는 방법을 나타낸 것이다. 이에 대한 설명으로 옳은 것은?

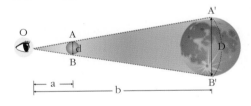

① 비례식 a : b = D : d을 이용하여 달의 크기를 구한다.
② 삼각형 OAB와 삼각형 OA'B'의 닮음비를 이용한 것이다.
③ 물체의 지름 d가 커지면 눈과 물체 사이의 거리가 짧아진다.
④ 관측자가 본 물체의 각지름이 관측자가 본 달의 각지름보다 크다.
⑤ 지구에서 달까지의 거리와 물체의 크기만 알고 있으면 달의 크기를 구할 수 있다.

08 각지름을 이용하여 달의 크기를 측정하려고 한다. 이때 필요한 값을 모두 고른 것은?

〈 보기 〉

ㄱ. 지구의 지름
ㄴ. 지구에서 달까지의 거리
ㄷ. 지구에서 본 달의 각지름
ㄹ. 달에서 본 지구의 각지름

① ㄱ, ㄴ   ② ㄴ, ㄷ   ③ ㄷ, ㄹ
④ ㄱ, ㄴ, ㄷ   ⑤ ㄴ, ㄷ, ㄹ

01 무한이는 에라토스테네스의 지구 크기 측정 방법을 응용하여 투명 반구의 둘레를 구하기 위하여 그림과 같이 준비하였다.

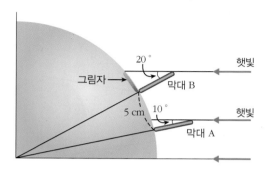

(1) 막대 A 와 막대 B 사이의 거리는 5 cm이고, 막대 A 와 햇빛 사이의 각도는 10°, 막대 B 와 햇빛 사이의 각도는 20°일 때, 투명 반구의 둘레를 구하는 비례식과 둘레의 값을 쓰시오.

(2) 개성의 위치는 38.5° N, 126° 37' E이고, 제주도의 위치는 33.5° N, 126° 37' E이다. 위의 실험을 이용하여 지구의 둘레를 구하시오. (단, 위도 1°간의 거리는 약 110 km이다.)

02 다음 그림은 구면 해시계인 앙부일구와 평면 해시계인 신법지평일구이다. 해시계란 시계 안에 세워 놓은 막대기가 만들어내는 그림자의 위치로 시간을 알아내는 것이다. 이때 앙부일구의 시간 눈금 간격의 간격은 일정한 반면에 신법지평일구의 시간 눈금 간격은 일정하지 않다. 그 이유에 대하여 자신의 생각을 서술하시오.

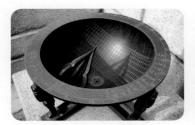
▲ 앙부일구

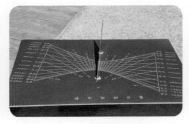
▲ 신법지평일구

03 1983년 9월 1일 미국 뉴욕 공항을 출발한 대한항공 007편이 서울로 오던 도중, 러시아 전투기의 공격을 받아 사할린 섬 서쪽에 추락하는 사고가 발생하였다. 이 사고로 미국 하원 의원을 포함한 승객 269명이 모두 사망한 끔찍한 사건이었다. 지도를 통해 보면 뉴욕발 서울행 비행기는 다음과 같은 궤도 B로 진행하게 된다. 아래의 지도 상에서 가장 짧은 거리인 직선 궤도 A 가 아닌 포물선 궤도 B로 비행기가 진행하는 이유는 무엇일지 자신의 생각을 서술하시오.

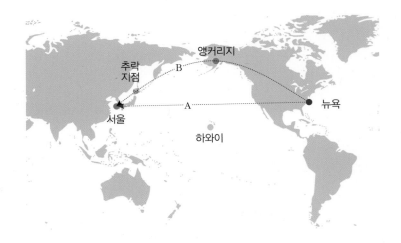

04 달은 공전 주기와 자전 주기가 같기 때문에 지구에서는 항상 같은 쪽면만 볼 수 있다. 1959년 10월 우주선 루나 3호가 우리가 보지 못했던 달의 반대쪽 면을 최초로 촬영하여 볼 수 있게 되었다.

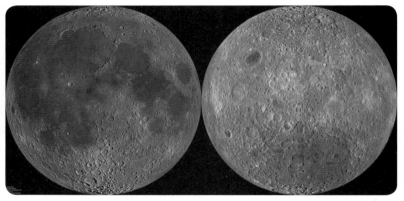

▲ 달의 앞면   ▲ 달의 뒷면

위의 그림을 참고로 하여 달의 앞면과 뒷면의 지형의 차이점에 대하여 설명하고, 차이가 나는 이유에 대하여 자신의 생각을 서술하시오.

정답 및 해설 **04쪽**

05 천문 현상을 관측하고 연구하기 위하여 천문대를 설치한다. 만약 달에 천문대를 설치한다면 지구에서 별을 관측할 때와 어떤 차이가 있을지 서술하시오.

▲ 체로 톨롤로 범미주 천문대
[Cerro Tololo Inter-American Observatory]

A

01 지구의 모양에 대한 설명으로 옳은 것은 ○표, 옳지 않은 것은 ×표 하시오.

(1) 마젤란이 세계 일주에 성공하면서 지구가 둥글다는 것을 대다수의 사람들이 믿게 되었다.
( )

(2) 실제 지구는 극 반지름이 적도 반지름보다 약간 더 큰 구형에 가까운 타원체이다. ( )

(3) 지구가 편평하다면 위도에 따라 보이는 별자리가 같을 것이다. ( )

02 다음 그림은 월식 때 달에 비친 지구의 그림자이다. 이로부터 알 수 있는 사실은?

① 지구가 달보다 크다.
② 지구는 둥근 모양이다.
③ 지구의 계절이 변한다.
④ 달이 지구 주위를 돌고 있다.
⑤ 달은 스스로 빛을 내지 못한다.

03 빈칸에 알맞은 말을 고르시오.

에라토스테네스는 지구의 크기를 측정하기 전에 2가지 가정을 세웠다. 첫번째는 '지구는 완전한 (㉠ 구형 ㉡ 타원형)이다'이고, 두번째는 '지구로 들어오는 태양 광선은 어느 곳에서나 (㉠ 비스듬 ㉡ 평행)하게 입사한다'는 것이다.

04 에라토스테네스가 측정한 지구 반지름은 약 7365 km이었다. 실제 지구의 반지름인 약 6370 km 보다 약 15 % 정도 큰 값이 측정된 이유를 모두 고르시오.(3개)

① 지구는 자전을 한다.
② 두 지점의 경도가 같지 않다.
③ 지구는 완전한 구형이 아니다.
④ 두 도시의 거리가 정확하지 않았다.
⑤ 지구로 들어오는 태양광선이 평행하지 않았다.

05 에라토스테네스의 지구 크기 측정에 사용된 두 가지 원리를 〈보기〉에서 골라 기호를 쓰시오.

〈 보기 〉
ㄱ. 피타고라스의 원리
ㄴ. 부채꼴의 원리
ㄷ. 닮음꼴의 원리
ㄹ. 엇각의 원리

(,)

06 빈칸에 알맞은 말을 쓰시오.

달은 지구 주위를 도는 ( )이며, 스스로 빛을 내지 못한다.

07 달에 대한 설명으로 옳은 것은 ○표, 옳지 않은 것은 ×표 하시오.

(1) 달의 반지름은 지구보다 작다. ( )
(2) 달은 동쪽에서 서쪽으로 자전한다. ( )
(3) 달의 표면에서 밝은 부분을 크레이터라고 한다.
( )

08 오른쪽 그림은 달의 표면이다. 각 기호에 해당하는 명칭을 쓰시오.

(가) ( ) (나) ( )

09 멀리 떨어져 있는 두 점을 관측자와 연결하였을 때 두 선분이 이루는 각을 무엇이라고 하는가?

( )

10 다음 그림은 크기를 알고 있는 물체와 삼각형의 닮음비를 이용하여 달의 크기를 측정하는 방법을 나타낸 것이다. 닮은꼴인 두 삼각형을 쓰시오.

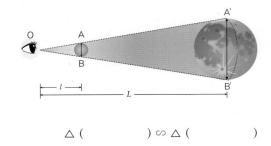

△ ( ) ∽ △ ( )

B

11 다음 그림은 고대 사람들이 생각한 지구의 모양이다. 이러한 지구 모양으로 나타날 수 있는 현상으로 옳은 것은?

① 위도에 따라 보이는 별자리가 다르다.
② 지표면에서 높이 올라가도 시야가 같다.
③ 인공위성에서 촬영한 지구 모습은 둥글다.
④ 한 방향으로 가면 언젠가는 제자리로 돌아온다.
⑤ 멀어져가는 배가 수평선 밑으로 가라앉는 것처럼 보인다.

12 다음 표는 8월 달의 우리나라 여러 지역의 일출 시간이다. 이를 통해 알 수 있는 사실은?

	인천	충주	강릉
시간	05:51	05:47	05:42

① 지구는 행성이다.
② 지구는 자전한다.
③ 지구는 태양보다 작다.
④ 지구의 모양이 둥글다.
⑤ 지구로 들어오는 태양 광선은 평행하다.

[13~14] 에라토스테네스의 방법으로 그림과 같은 지구 모형의 크기를 구하려고 한다.

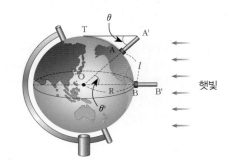

햇빛

13 위의 과정에 대한 설명으로 옳은 것은?

① 두 막대는 같은 위도 상에 세워야 한다.
② 막대 BB'은 그림자가 생기지 않게 세워야 한다.
③ 삼각형의 닮음비를 이용하여 지구 모형의 크기를 구한다.
④ 햇빛이 아닌 전등 빛을 이용해도 측정 값에는 변화가 없다.
⑤ 그림자의 길이와 호 AB의 길이는 실제로 측정해야하는 값이다.

14 지구 모형의 반지름 R 은?

① $\dfrac{360° \times \theta}{2\pi l}$ ② $\dfrac{360° \times \theta \times l}{2\pi}$ ③ $\dfrac{2\pi \times \theta \times l}{360°}$

④ $\dfrac{360° \times l}{2\pi \theta}$ ⑤ $\dfrac{2\pi l}{360° \times \theta}$

15 다음 표는 여러 지역의 위치를 나타낸 것이다. 에라토스테네스의 방법을 이용하여 지구의 크기를 측정하고자 한다. 선택해야 할 두 지역으로 가장 적절한 것은?

	(가)	(나)	(다)	(라)
위도	$30° N$	$40° N$	$50° N$	$40° N$
경도	$74° W$	$122° E$	$0°$	$74° W$

① (가), (나) ② (나), (다) ③ (다), (라)
④ (가), (라) ⑤ (나), (라)

16 다음 중 지구와 달의 물리적 특징을 바르게 비교한 것은?

① 지구의 표면 중력은 달의 3배이다.
② 달의 반지름은 지구 반지름의 4배이다.
③ 달과 지구의 자전 방향은 서로 반대이다.
④ 달의 표면 온도는 약 15 ℃로 지구보다 낮다.
⑤ 달의 평균 밀도는 지구의 평균 밀도보다 작다.

17 오른쪽 그림은 달의 표면 모습이다. 이에 대한 설명으로 옳은 것을 바르게 짝지은 것은?

	㉠	㉡
① 명칭	고지	크레이터
② 밝기	밝다	어둡다
③ 고도	고지대	저지대
④ 지형	험준하다	평탄하다
⑤ 운석 구덩이	적다	많다

18 다음 그림과 같은 방법으로 달의 크기를 구하려고 한다. 지구에서 본 달의 각지름이 θ, 지구에서 달까지의 거리를 L 이라고 할 때, 달의 지름 D를 구하는 식으로 옳은 것은?

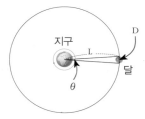

① $\dfrac{360° \times \theta}{2\pi L}$ ② $\dfrac{360° \times 2\pi L}{\theta}$ ③ $\dfrac{\theta \times 2\pi L}{360°}$

④ $\dfrac{\theta \times \pi L}{360°}$ ⑤ $\dfrac{360° \times \theta}{\pi L}$

19 태양의 지름은 약 139만 km이고, 달의 지름은 태양의 $\dfrac{1}{400}$ 인 약 3474 km이다. 하지만 지구에서 보는 태양과 달의 크기는 거의 비슷하다. 그 이유에 대한 설명으로 옳은 것을 모두 고르시오.(2개)

① 태양이 달보다 밝기 때문이다.
② 태양은 항성, 달은 위성이기 때문이다.
③ 태양과 달의 각지름이 각각 같기 때문이다.
④ 태양과 달이 서로 멀리 떨어져 있기 때문이다.
⑤ 지구와 태양과의 거리가 달과 지구와의 거리의 약 400 배 정도이기 때문이다.

20 지구에서 본 달의 각지름은 약 0.5 °이다. 달에서 본 지구의 각지름으로 옳은 것은?

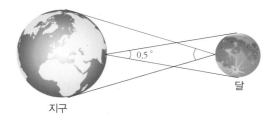

① 0.25 ° ② 0.5 ° ③ 1.0 °
④ 1.5 ° ⑤ 2.0 °

[21~22] 다음은 우리나라 서울과 광주에 대한 자료이다. 물음에 답하시오.

	위도	경도
서울	37.5° N	126° E
광주	35.0° N	126° E
서울 광주와의 거리		280 km

21 다음 자료를 이용하여 지구 반지름을 구하려고 한다. 비례식을 바르게 세운 것은?

① 126° : 280 km = 2πR : 360°
② 126° : 280 km = 360° : 2πR
③ 280 km : (37.5° − 35°) = 360° : 2πR
④ (37.5° − 35°) : 280 km = 2πR : 360°
⑤ (37.5° − 35°) : 280 km = 360° : 2πR

22 비례식을 통해 알게 된 지구 반지름은? (단, π = 3.14 이다.)

① 6370 km ② 6420 km ③ 6470 km
④ 7364 km ⑤ 7414 km

23 다음 그림은 같은 경도 상에 있는 북반구 어느 두 지역의 북극성의 고도를 나타낸 것이다. 두 지역 사이의 거리가 3140 km라면 지구의 반지름은? (단, π = 3.14로 계산하며, 소수점 첫째 자리에서 반올림 한다.)

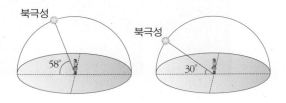

24 1969년 아폴로 11호가 달에 첫 발을 디뎠다. 이 때 우주 비행사들이 달에서 경험할 수 있는 일로 옳은 것은?

① 비가 많이 내리고, 바람이 많이 분다.
② 높은 기압으로 인하여 걷기가 어렵다.
③ 달의 낮에는 지구의 낮보다 밝은 하늘을 볼 수 있다.
④ 지표면이 눈이 쌓여서 만들어진 얼음으로 뒤덮혀 있다.
⑤ 중력이 약해 지구에서 들지 못했던 무거운 물체가 들기 쉬워진다.

25 다음 그림과 같이 달을 이용하여 태양의 크기를 측정하려고 한다. 지구와 달의 거리가 약 38만 4천 km이고, 지구와 태양과의 거리는 지구와 달의 거리의 약 382 배인 1억 4690만 km이다. 이 때 '달의 지름 : 태양의 지름'은?

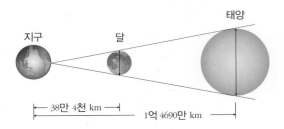

① 1 : 191 ② 1 : 382 ③ 1 : 573
④ 191 : 1 ⑤ 382 : 1

26 다음 그림은 북반구에 있는 세 지역의 북극성의 고도를 나타낸 것이다. 위도가 높은 순서대로 쓰고 위도에 따라 북극성의 고도가 달라지는 이유를 지구의 모양을 이용하여 설명해 보시오.

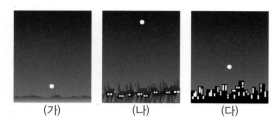

(가)   (나)   (다)

[27~28] 에라토스테네스가 지구의 크기를 측정한 방법을 나타낸 것이다.

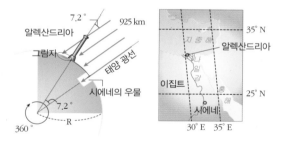

27 시에네와 알렉산드리아의 위도 차이를 쓰고, 이를 알아내기 위해 에라토스테네스가 세운 가정을 설명하시오.

28 에라토스테네스가 세운 비례식을 쓰고, 비례식이 성립하기 위해 에라토스테네스가 세운 가정을 설명하시오.

29 부채꼴의 원리를 이용하여 지구의 둘레를 측정하기 위해서는 같은 경도상에 있는 두 지점을 이용하여야 한다. 그 이유를 서술하시오.

정답 및 해설 04쪽

30 달에는 물과 대기가 없다. 이로 인해 나타나는 현상을 3 가지 이상 쓰시오.

32 종이에 그린 세계지도는 많은 과학적 측정 자료를 가지고 그렸지만 오류가 존재할 수밖에 없다. 그 이유가 무엇인지 서술해 보시오.

창의력 서술

31 옛날 우리나라에서는 달의 문양을 보고 달에서 토끼가 방아를 찍는다고 생각해왔다. 토끼와 방아라고 생각한 부분은 달의 어느 부분일까? 이유와 함께 서술해 보자.

16강. 지구의 운동

1. 지구의 자전　2. 별의 일주 운동　3. 지구의 공전　4. 태양의 연주 운동

1. 지구의 자전

(1) 지구의 자전 : 지구가 자전축을 중심으로 하루에 1 바퀴씩 스스로 도는 운동이다.

① 방향 : 서쪽 → 동쪽
② 속도 : 하루에 1 바퀴

$$\frac{360°}{24시간} → 1 \text{ 시간에 } 15° \text{씩 회전}$$

(2) 지구의 자전에 의한 현상

① 천체의 일주 운동 : 태양을 비롯한 천체들이 자전축을 중심으로 하루에 1바퀴씩 동에서 서쪽으로 회전하는 것처럼 보인다.(겉보기 운동)
② 낮과 밤의 반복 : 지평선 위로 태양이 동쪽으로 뜨고 서쪽으로 지며 낮과 밤이 반복된다.

(3) 지구의 자전 증거

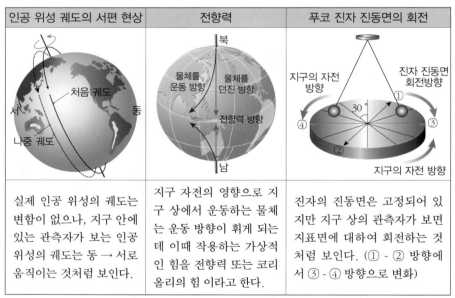

인공 위성 궤도의 서편 현상	전향력	푸코 진자 진동면의 회전
실제 인공 위성의 궤도는 변함이 없으나, 지구 안에 있는 관측자가 보는 인공 위성의 궤도는 동 → 서로 움직이는 것처럼 보인다.	지구 자전의 영향으로 지구 상에서 운동하는 물체는 운동 방향이 휘게 되는데 이때 작용하는 가상적인 힘을 전향력 또는 코리올리의 힘 이라고 한다.	진자의 진동면은 고정되어 있지만 지구 상의 관측자가 보면 지표면에 대하여 회전하는 것처럼 보인다. (① - ② 방향에서 ③ - ④ 방향으로 변화)

지구의 자전 방향

	회전 주기
자전축	지구가 자전하는 중심축
북극 남극	자전축과 만나는 지표상의 두 점

전향력

		특성
방향	북반구	물체의 운동 방향에 대하여 오른쪽 직각 방향으로 작용
	남반구	왼쪽 직각 방향으로 작용
크기		극지방에서 가장 크고, 적도에 가까울수록 작아지다가 적도에서는 0이 된다.

위도에 따른 푸코 진자 진동면의 운동

	회전 주기
극지방	북극에서는 시계 방향(남극에서는 반시계 방향)으로 약 24시간에 한 바퀴 회전
적도 지방	푸코 진자 진동면이 회전하지 않는다.

적도에서 극지방으로 갈수록 회전 주기는 짧아진다.

 빈칸에 알맞은 말을 쓰시오.

> 지구가 자전축을 중심으로 1시간에 (　　　)°씩 스스로 도는 운동을 지구의 (　　　　)이라고 한다.

확인 +1 **지구의 자전과 관련이 있는 현상으로 옳지 않은 것은?**

① 전향력　　　　　　　　　② 별의 일주 운동
③ 반복되는 낮과 밤　　　　④ 태양의 연주 운동
⑤ 인공 위성 궤도의 서편 현상

2. 별의 일주 운동

(1) 별의 일주 운동의 방향과 속도 : 지구의 자전 속도와 같고, 방향은 반대이다.

북극성을 중심으로 반시계 방향
동 → 서

서쪽 동쪽

▲ 관측자가 지구 안에서 본 모습

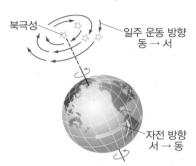

북극성 일주 운동 방향
동 → 서

자전 방향
서 → 동

▲ 관측자가 지구 밖에서 본 모습

(2) 위도에 따른 별의 일주 운동

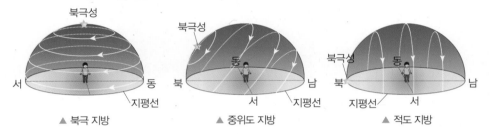

북극성

서 동

지평선

▲ 북극 지방

북극성

동

북 남

서 지평선

▲ 중위도 지방

북극성 동

북 남

지평선 서

▲ 적도 지방

(3) 우리나라(북반구 중위도)에서 보이는 별의 일주 운동

동쪽 하늘	서쪽 하늘	남쪽 하늘	북쪽 하늘
북 남	남 북	동 서	서 동
지평선에서 오른쪽으로 비스듬히 떠오름	지평선에서 오른쪽으로 비스듬히 짐	지평선과 거의 나란하게 동에서 서로 이동	북극성을 중심으로 반시계 방향으로 회전

정답 및 해설 07쪽

 개념확인 2

빈칸에 알맞은 말을 쓰시오.

> 별의 일주 운동의 속도는 지구의 자전 속도와 같고, 방향은 (   )쪽에서 (   ) 쪽으로, 지구의 자전 방향과 (㉠ 반대이다 ㉡ 같다)

확인 +2

우리나라에서 보이는 별의 일주 운동에 대한 설명으로 옳은 것은?

① 동쪽 하늘에서는 지평선에서 왼쪽으로 비스듬히 떠오른다.
② 서쪽 하늘에서는 지평선에서 오른쪽으로 비스듬히 떠오른다.
③ 북쪽 하늘에서는 북극성을 중심으로 시계 방향으로 회전을 한다.
④ 남쪽 하늘에서는 지평선과 거의 나란하게 서에서 동으로 이동한다.
⑤ 북반구 중위도에 있는 지역에서는 모두 우리나라와 같은 방향의 일주 운동을 관찰할 수 있다.

천구와 별의 일주 운동

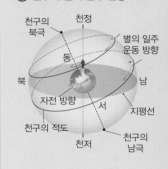

천정
천구의 북극
별의 일주 운동 방향
동
북 남
자전 방향
천구의 적도 서
천저 지평선
천구의 남극

관측자의 위치에 따른 방위

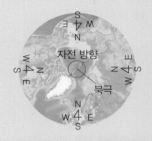

자전 방향
북극

관측자	방위
북쪽을 바라 보고 있을 때	오른쪽 = 동쪽 왼쪽 = 서쪽
남쪽을 바라 보고 있을 때	오른쪽 = 서쪽 왼쪽 = 동쪽

생각해보기★
남반구 중위도에서 보이는 별의 일주 운동은 북반구 중위도에서 보이는 것과 어떻게 다를까?

미니사전
천구 [天 하늘 球 공] 지구(관측자)를 중심으로 한 반지름이 무한대인 가상의 구

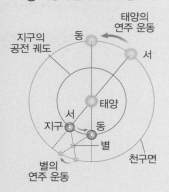

● 태양과 별의 연주 운동

● 겉보기 운동
지구에서 관측한 태양계 내의 천체들의 움직임을 말한다. 실제로 천체가 움직이는 것은 아니다.

● 태양의 연주 운동(별자리 기준)
태양은 하루에 약 1°씩 서에서 동으로 이동

3. 지구의 공전

(1) 지구의 공전 방향과 속도

① 방향 : 서쪽 → 동쪽
② 속도 : 일년에 1 바퀴 회전 → 하루에 약 1°씩 회전

(2) 지구의 공전에 의한 현상

① 태양의 연주 운동 : 태양이 일 년 동안 별자리 사이를 서에서 동으로 1 바퀴씩 도는 것처럼 보인다.(겉보기 운동)
② 계절의 변화 : 태양의 남중 고도와 낮의 길이가 달라져서 계절 변화가 나타난다.
③ 계절에 따른 별자리의 변화(별의 연주 운동) : 밤하늘에 보이는 별들이 일 년 동안 동에서 서로 1바퀴씩 도는 것처럼 보인다.(겉보기 운동)

해가 진 후, 서쪽 하늘의 전갈자리는 하루에 약 1°씩 동 → 서로 이동

(3) 지구의 공전 증거 : 지구가 공전을 하기 때문에 별이 관측되는 위치가 먼 별들을 배경으로 달라진다. 이를 별의 시차라고 한다.

지구가 E_1의 위치에 있을 때는 가까운 별S의 위치가 S_1에 있는 것으로 보이지만, 6 개월 뒤 지구가 E_2의 위치에 있을 때 별 S 는 S_2에 위치해 있는 것으로 보인다.

$$연주 시차 = \frac{시차}{2}$$

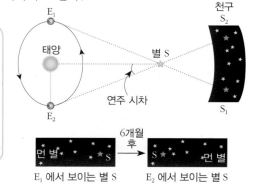

E_1 에서 보이는 별 S E_2 에서 보이는 별 S

개념확인 3 빈칸에 알맞은 말을 쓰시오.

지구는 (　　　)쪽에서 (　　　)쪽으로, 하루에 약 (　　　)°씩 회전을 한다. 이를 지구의 공전이라고 한다.

확인 +3 지구의 공전과 관련이 있는 현상으로 옳지 <u>않은</u> 것은?

① 별의 시차　　　　　② 계절의 변화
③ 별의 연주 운동　　　④ 태양의 연주 운동
⑤ 천체의 일주 운동

미니사전

시차 [視 보다 差 어긋나다] 동일한 점을 두 개의 관측점에서 보았을 때의 방향 차이(= 두 방향 사이의 각도)

4. 태양의 연주 운동

(1) **태양의 연주 운동** : 태양이 별자리 사이를 1 년에 1 바퀴씩 회전하는 현상이다.

　① 방향 : 서쪽 → 동쪽
　② 속도 : 일년에 1 바퀴 회전 → 하루에 약 1 °씩 회전

(2) **황도** : 태양이 천구 상에서 연주 운동하는 길을 말한다.
　① 지구의 공전 궤도를 연장하여 천구와 만나는 원이며, 천구의 적도에 대하여 23.5 ° 기울어져있다.
　② 황도 12궁 : 황도에 있는 대표적인 별자리 12 개

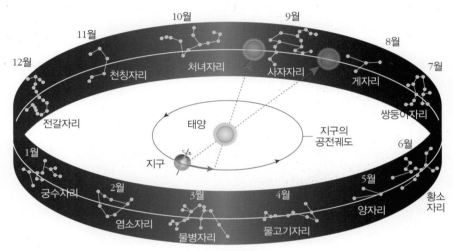

▲ 태양의 연주 운동과 황도 12궁

・지구에서 태양 방향의 별자리는 볼 수 없다.
・태양을 등진 반대쪽 별자리가 그 계절의 대표적 별자리이다.
　→ 지구의 12월에 태양의 위치는 전갈자리 근처이며, 한밤중 남쪽 하늘에 보이는 별자리는 황소자리이다.

정답 및 해설 **07쪽**

빈칸에 알맞은 말을 쓰시오.

태양이 별자리 사이를 (　　　)쪽에서 (　　　)쪽으로 1 년에 1 바퀴씩 회전하는 현상을 태양의 (　　　　　)이라고 한다.

본문에 있는 태양의 연주 운동과 황도 12궁을 참고로 하여 3월에 황도 상에 있는 태양의 위치와 한밤중 남쪽 하늘에서 보이는 별자리를 쓰시오.

태양의 위치 (　　　　　　　　　)
남쪽 하늘에서 보이는 별자리 (　　　　　　　　　)

황도 상에서 태양의 위치

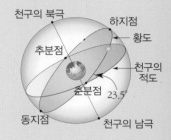

구분	날짜
춘분점	3월 21일경
하지점	6월 22일경
추분점	9월 23일경
동지점	12월 22일경

우리나라의 절기 때 남중 고도(위도 = 36.5°)

절기	남중 고도
춘분	53.5 °
하지	77 °
추분	53.5 °
동지	30 °

계절별 별자리

▲ 여름철

▲ 겨울철

월	태양 위치	보이는 별자리
1월	궁수자리	쌍둥이자리
5월	양자리	천칭자리
9월	사자자리	물병자리
11월	천칭자리	양자리

5. 지구 자전축과 계절 변화

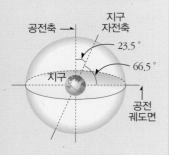

● 지구 자전축의 기울기

(1) 지구 자전축과 계절 변화 : 지구 자전축이 공전 궤도면에 대하여 약 66.5° 기울어진 채 공전하기 때문에 계절의 변화가 일어난다.

① 지구 자전축이 기울어지지 않고 공전을 할 경우

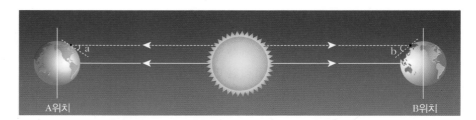

지구가 A 위치에 있을 때와 B위치에 있을 때 태양 고도의 변화가 없다. (∠a = ∠b)
→ A 위치와 B 위치의 계절이 같다.

② 지구 자전축이 기울어져서 공전할 경우

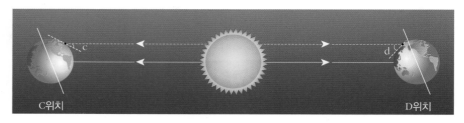

지구가 C 위치에 있을 때의 태양 고도가 D 위치에 있을 때보다 작다. (∠c < ∠d)
→ C 위치(겨울 ; 북반구)와 D 위치(여름 ; 북반구)의 계절이 다르다.

태양 고도가 높을수록 지면에 도달하는 태양 복사 에너지의 양이 많아진다. 이와 같이 태양 고도에 따라 지면에 도달하는 태양 복사 에너지의 양이 다르기 때문에 계절의 변화가 나타나는 것이다.

● 공전 궤도면
지구가 태양 주위를 공전할 때 그 궤도가 이루는 평면

● 생각해보기★★
지구 자전축이 공전 궤도면과 나란해진다면 지구에서는 어떤 현상이 일어날까?

 빈칸에 알맞은 말을 쓰시오.

지구 자전축이 공전 궤도면에 대하여 약 ( )° 기울어진 채 ( ) 하기 때문에 계절의 변화가 일어나는 것이다.

 태양 고도에 따라 지구 지표면에 도달하는 무엇이 달라지겠는가?

( )

6. 지구의 공전과 계절 변화

(1) 태양의 남중 고도 변화 : 태양의 남중 고도란 태양이 관측자의 정남쪽에 위치할 때의 고도를 말하며, 하루 중 태양의 고도가 가장 높을 때이다.

지구의 위치 변화	남중 고도의 변화	도달하는 태양 복사 에너지의 양
동지점 → 춘분점 → 하지점	점점 높아진다.	점점 늘어난다.
하지점 → 추분점 → 동지점	점점 낮아진다.	점점 줄어든다.

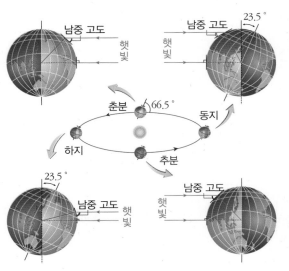

하
지
· 태양의 남중 고도
  = 90° − 위도 + 23.5°
· 밤의 길이 < 낮의 길이
· 해뜨는 쪽 : 북동
· 해지는 쪽 : 북서

동
지
· 태양의 남중 고도
  = 90° − 위도 − 23.5°
· 밤의 길이 > 낮의 길이
· 해뜨는 쪽 : 남동
· 해지는 쪽 : 남서

춘
추
분
· 태양의 남중 고도
  = 90° − 그 지방의 위도
· 밤의 길이 = 낮의 길이
· 해뜨는 쪽 : 정동
· 해지는 쪽 : 정서

(2) 태양의 일주 운동 경로의 변화 : 지구의 자전축이 공전 궤도면에 대하여 약 66.5° 기울어져서 태양 주위를 공전하기 때문에 공전 궤도 상의 지구의 위치에 따라 태양의 일주 운동 경로가 변한다.

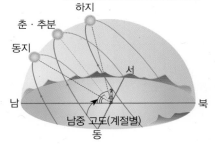

▲ 북반구 중위도 지역 태양의 일주 운동과 남중 고도

● 지구의 공전과 계절 변화

자전축이 기울어진 채 공전

↓

· 태양의 고도 변화
· 낮과 밤의 길이 변화

↓

지표가 받는 태양 복사 에너지 양의 변화

↓

계절의 변화

● 정남쪽
북극 방향을 바라보는 방향과 정 반대 방향이 정남쪽이다.

정답 및 해설 **07쪽**

빈칸에 알맞은 말을 쓰시오.

태양의 남중 고도란 태양이 관측자의 (　　　)쪽에 위치할 때의 고도를 말하며, 하루 중 고도가 가장 (㉠ 높을 ㉡ 낮을) 때이다.

**확인
+6**
태양의 남중 고도 변화와 관련된 설명으로 옳지 <u>않은</u> 것은?
① 남중 고도는 하루 중 고도가 가장 높을 때이다.
② 지구가 동지점에 있을 때는 밤의 길이가 낮의 길이보다 길다.
③ 남중 고도란 태양이 관측자의 정남쪽에 위치할 때의 고도를 말한다.
④ 지구의 위치가 동지점에서 하지점으로 이동할 때 남중 고도는 점점 높아진다.
⑤ 지구의 위치가 하지점에서 동지점으로 이동할 때 도달하는 태양 복사 에너지의 양은 점점 늘어난다.

01 지구의 자전에 대한 설명으로 옳은 것은?

① 하루에 15°씩 회전한다.
② 동쪽에서 서쪽으로 회전한다.
③ 지구의 자전으로 인하여 계절의 변화가 나타난다.
④ 지구가 북극성을 중심으로 스스로 도는 운동을 말한다.
⑤ 태양이 지구의 자전축을 중심으로 하루에 1바퀴씩 회전하는 것처럼 보인다.

02 지구의 자전에 대한 증거를 〈보기〉에서 있는 대로 고른 것은?

─〈 보기 〉─
ㄱ. 낮과 밤이 반복된다.
ㄴ. 같은 별을 관측할 때 시간에 따라 관측 방향 차이가 생긴다.
ㄷ. 북반구에서 물체를 던지면 물체의 운동 방향에 대하여 오른쪽 직각으로 힘이 작용한다.
ㄹ. 지구 표면에 있는 관측자가 보는 인공 위성의 궤도는 동쪽에서 서쪽으로 움직이는 것처럼 보인다.

① ㄱ, ㄴ   ② ㄴ, ㄷ   ③ ㄷ, ㄹ
④ ㄱ, ㄴ, ㄷ   ⑤ ㄱ, ㄷ, ㄹ

03 오른쪽 그림은 우리나라에서 보이는 별의 일주 운동 모습이다. 이와 관련된 설명으로 옳은 것은?

① 남쪽 하늘의 모습이다.
② 별의 일주 운동 모습은 위도와는 상관 없다.
③ 별의 일주 운동의 방향은 지구의 자전 방향과 같다.
④ 별의 일주 운동의 속도는 지구의 공전 속도와 같다.
⑤ 북극성을 중심으로 반시계 방향으로 회전하고 있다.

04 지구의 공전과 관련된 설명으로 옳은 것은?

① 지구는 동쪽에서 서쪽으로 태양 주위를 회전한다.
② 밤과 낮이 변하는 것은 지구가 공전을 하는 증거가 된다.
③ 지구는 태양 주위를 하루에 약 1 °씩, 일년에 1 바퀴 회전한다.
④ 별들이 일 년 동안 서쪽에서 동쪽으로 회전하는 것처럼 보인다.
⑤ 태양이 일 년 동안 별자리 사이를 동쪽에서 서쪽으로 회전하는 것처럼 보인다.

05 태양의 연주 운동과 관련된 설명으로 옳은 것은?

① 태양의 연주 운동 방향은 동쪽 → 서쪽이다.
② 황도는 천구의 적도에 대하여 23.5 ° 기울어져 있다.
③ 태양이 별자리 사이를 1 달에 1 바퀴씩 회전하는 현상이다.
④ 황도 12궁에서 태양 쪽 별자리가 그 계절의 대표적 별자리이다.
⑤ 지구의 자전 궤도를 연장하여 천구와 만나는 원을 황도라고 한다.

06 지구의 계절 변화와 관련된 설명으로 옳은 것은?

① 태양이 하지점에 있을 때 남중 고도가 가장 낮다.
② 태양이 춘분점에 있을 때 해는 남동쪽에서 떠서 남서쪽으로 진다.
③ 태양의 남중 고도란 관측자가 태양의 정남쪽에 위치할 때의 고도를 말한다.
④ 지구 자전축이 공전축에 대하여 약 66.5 ° 기울어진 채 공전하기 때문에 일어난다.
⑤ 태양이 동지점에 있을 때 지표면에 도달하는 태양 복사 에너지의 양이 가장 적다.

[유형16-1] 지구의 자전 1

다음 그림은 시간 간격을 두고 관찰한 인공 위성의 궤도를 나타낸 것이다. 이와 관련된 설명으로 옳은 것은?

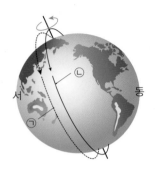

① 지구 공전의 증거이다.
② ㉠은 인공 위성의 처음 궤도이다.
③ 인공 위성의 실제 궤도가 서쪽에서 동쪽으로 이동하였다.
④ 인공 위성의 궤도는 1 시간에 약 1°씩 이동하는 것처럼 보인다.
⑤ 지구 안에 있는 관측자가 보는 인공 위성의 궤도는 동쪽에서 서쪽으로 움직이는 것처럼 보인다.

01 다음 그림은 전향력에 의해 운동하는 물체의 운동 방향이 휘어지는 것을 나타낸 것이다. 전향력이 일어나는 원인과 던진 물체의 운동 방향이 바르게 짝지어진 것은?

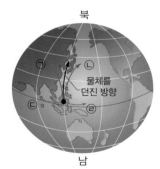

	원인	운동 방향
①	지구의 자전	㉠
②	지구의 자전	㉡
③	둥근 지구	㉢
④	지구의 공전	㉣
⑤	지구의 공전	㉡

02 다음 그림은 북반구에서 푸코 진자 진동면의 운동을 나타낸 것이다. 이에 대한 설명으로 옳은 것은?

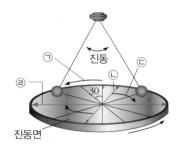

① 지구는 ㉢ 방향으로 자전한다.
② 진자의 진동면이 ㉡ 방향으로 회전하는 것이다.
③ 푸코 진자의 진동면은 적도 지방에서 24시간에 한 바퀴 회전한다.
④ 극지방에서 ㉡ 방향으로 진동하던 진자가 4 시간 후에는 ㉣ 방향으로 진동한다.
⑤ 극지방에서 적도 지방으로 갈수록 푸코 진자의 진동면의 회전 주기는 짧아진다.

[유형16-2] 지구의 자전 2

다음 그림 중 우리나라에서 바라 본 서쪽 하늘에서 볼 수 있는 별의 일주 운동의 방향으로 옳은 것은?

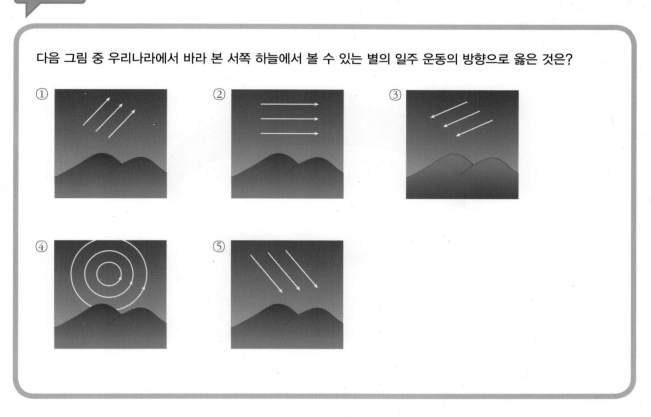

03 다음 그림은 북반구에서 북쪽 하늘의 별의 일주 운동을 나타낸 것이다. 이에 대한 설명으로 옳은 것은?

서쪽   동쪽

① 중심에 있는 별 ⓞ 는 북두칠성이다.
② 별의 연주 운동 방향은 ㉠ 방향이다.
③ 별의 일주 운동 방향은 ㉡ 방향이다.
④ 사진기를 2 시간 동안 놓고 찍은 것이다.
⑤ 지구가 공전하기 때문에 나타나는 현상이다.

04 다음 그림 중 우리나라에서 볼 수 있는 별의 일주 운동 모습으로 옳은 것은?

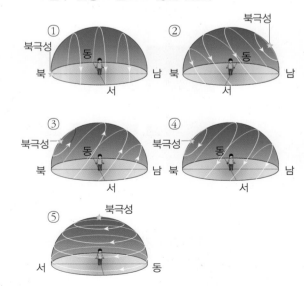

[유형16-3] 지구의 공전 1

다음 그림은 황도 12궁을 나타낸 것이다. 지구가 A 에서 B 로 이동할 때 태양이 지나가는 별자리와 A 위치에서 한밤중에 남쪽 하늘에서 보이는 별자리를 바르게 짝지은 것은?

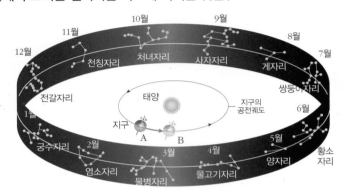

	태양이 지나가는 별자리	한밤중에 남쪽 하늘에서 보이는 별자리		태양이 지나가는 별자리	한밤중에 남쪽 하늘에서 보이는 별자리
①	염소자리	물병자리	②	염소자리	사자자리
③	사자자리	염소자리	④	물병자리	사자자리
⑤	처녀자리	물병자리			

05 다음 그림은 해가 진 후 15 일 간격으로 서쪽 하늘에 보이는 전갈자리의 모습을 나타낸 것이다. 이와 관련된 설명으로 옳은 것은?

① 별의 일주 운동을 나타낸 것이다.
② 지구의 자전으로 인하여 나타나는 현상이다.
③ 천구상에서 태양과 별의 겉보기 운동 방향은 같다.
④ 별자리를 기준으로 태양은 동쪽에서 서쪽으로 이동하고 있다.
⑤ 전갈자리는 하루에 약 1°씩 동쪽에서 서쪽으로 이동하는 것처럼 보인다.

06 다음 중 태양의 연주 운동에 대한 설명으로 옳은 것을 〈보기〉에서 모두 고른 것은?

〈 보기 〉
ㄱ. 태양이 별자리 사이를 1 년에 1 바퀴씩 회전하는 현상이다.
ㄴ. 지구의 공전에 의한 현상이다.
ㄷ. 황도면은 지구의 자전축에 대하여 23.5° 기울어져 있다.

① ㄱ   ② ㄴ   ③ ㄷ
④ ㄱ, ㄴ   ⑤ ㄴ, ㄷ

정답 및 해설 08쪽

[유형16-4] 지구의 공전 2

다음 그림은 지구의 공전 궤도를 나타낸 것이다. 지구의 위치가 A 에서 B 로 이동할 때 북반구에서의 남중 고도의 변화와 지구에 도달하는 태양 복사 에너지의 양의 변화가 바르게 짝지어진 것은?

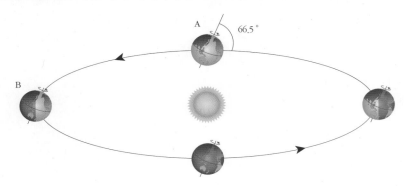

	남중 고도 변화	태양 복사 에너지의 양 변화		남중 고도 변화	태양 복사 에너지의 양 변화
①	점점 낮아진다	점점 줄어든다	②	점점 낮아진다	점점 늘어난다
③	같다	같다	④	점점 높아진다	점점 줄어든다
⑤	점점 높아진다	점점 늘어난다			

07 다음 그림은 북반구 중위도에서 태양의 일주 운동 경로를 나타낸 것이다. 각 기호와 북반구에서의 절기가 바르게 짝지어진 것은?

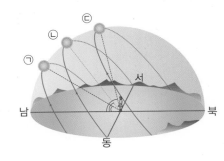

	㉠	㉡	㉢
①	하지	춘·추분	동지
②	춘·추분	동지	하지
③	동지	하지	춘·추분
④	동지	춘·추분	하지
⑤	하지	동지	춘·추분

08 지구 자전축이 기울어지지 않은 상태로 지구가 공전을 할 경우 일어나는 현상을 〈보기〉에서 모두 고른 것은?

─── 〈 보기 〉 ───
ㄱ. 태양 고도의 변화가 없다.
ㄴ. 낮과 밤의 길이가 같다.
ㄷ. 밤하늘에 보이는 별자리가 사계절 모두 같다.
ㄹ. 계절 변화가 없다.

① ㄱ, ㄴ, ㄷ   ② ㄱ, ㄴ, ㄹ
③ ㄱ, ㄷ, ㄹ   ④ ㄴ, ㄷ, ㄹ
⑤ ㄱ, ㄴ, ㄷ, ㄹ

창의력 & 토론마당

01 다음 그림은 망원경이 발명되기 전 천체를 관측할 때 사용한 '사분의'이다. '사분의'는 전체 원주의 1/4 을 잘라 내어 원주 부분에 각도를 표시하여 별을 관찰하는 기구이다. 별의 방위각을 측정할 때는 사분의를 수평으로 사용을 하고, 별의 고도를 측정할 때는 사분의를 수직으로 사용한다.

▲ 사분의

▲ 티코브라헤가 지평선 위의 천체의 고도를 측정하기 위해 대형 사분의를 사용하는 모습

(1) 다음 그림은 사분의의 원리를 이용하여 태양의 고도를 측정하는 그림이다. 태양의 고도는 a, b 중 어느 것인지 그 이유와 함께 서술하시오.

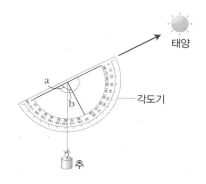

(2) 정오에 서울(위도 36.5°)에서 a 가 13° 일 때 태양의 고도는 몇 °이며, 이때의 계절은 무엇인가?

02

1835년에 프랑스의 과학자 코리올리가 발견한 코리올리의 힘(전향력)은 지구 자전의 증거이다. 코리올리의 힘이란 회전하고 있는 물체 위에서 나타나는 가상적인 힘으로 운동하는 물체의 운동 방향에 수직으로 작용한다.

(1) 대기 대순환 중 편서풍과 극동풍을 코리올리의 힘을 이용하여 설명하시오.

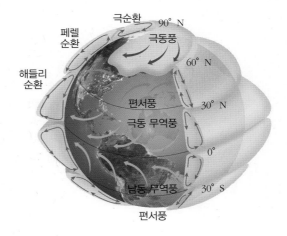

(2) 일상 생활에서 일어나는 작은 규모의 운동에서도 코리올리의 힘이 작용하는 것을 관찰할 수 있을까? 만약 우리나라에서 야구의 투수가 공을 던졌을 때 던진 방향의 오른쪽으로 공이 휘었다면 이것 역시 코리올리의 힘이 작용한 것일까? 자신의 생각을 쓰시오.

03 다음 내용은 유고슬라비아의 과학자 밀란코비치가 제시한 이론의 일부이다. 밀란코비치는 과거 지구 기후의 장기적인 변동(빙하기와 간빙기의 발생)에서 나타나는 주기적인 변화를 태양 주위를 공전하는 지구의 공전 궤도의 변화와 자전축의 변화에 의해 생긴 현상으로 설명하고 있다. 밀란코비치가 제시한 빙하기를 일으키는 지구의 운동 3 가지는 아래와 같다.

타원 궤도의 변화 : 지구가 태양 주위를 도는 공전 궤도는 원이 아니라 타원이며 태양은 중앙에서 한쪽 방향으로 치우쳐 있다. 그런데 이 타원의 납작한 정도가 약 10만년을 주기로 변한다.	자전축의 변화 : 지구의 자전축은 41,000년을 주기로 22.1° ~ 24.5°의 사이를 오르내리며 변화를 보인다. 현재 지구의 자전축은 23.5° 기울어져 있다.	세차 운동 : 쓰러져 가는 팽이의 회전축이 회전하듯 지구의 자전축도 약 26,000년을 주기로 회전한다. 따라서 약 13,000년이 지나면 지구의 자전축이 반대로 기울어지게 된다.

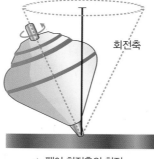

▲ 팽이 회전축의 회전

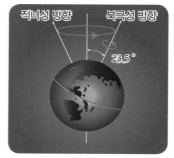

▲ 지구 자전축의 회전

(1) 밀란코비치의 이론에 따르면 현재 태양은 아래와 같이 타원의 중심에서 한쪽으로 치우쳐 있다. 세차 운동에 의해 약 13,000년 후에는 지구 자전축의 기울기가 반대로 기울어진다고 한다. 현재 지구가 (가) ~ (라)에 위치할 때 우리나라에 해당하는 계절과 13,000년 후 지구가 (마) ~ (아)에 위치할 때 우리나라에 해당하는 계절을 각각 표에 쓰시오.

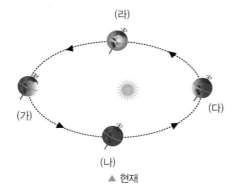

▲ 현재

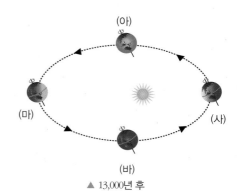

▲ 13,000년 후

현재	(가)	(나)	(다)	(라)
계절				
13,000년 후	(마)	(바)	(사)	(아)
계절				

(2) (1)의 경우에 태양과 지구 사이의 거리를 고려할 때 13,000년 이후의 겨울 기온은 현재의 겨울 기온에 비해 어떻게 변할 것인지 설명하시오.

04 다음 그림은 황도 12궁에서 지구와 태양의 위치가 바뀐 것이다. 만약 고대의 대표적인 우주관인 천동설과 같이 지구를 중심으로 태양이 공전을 한다면 태양의 위치가 A 에서 B 로 이동할 때 지구에서 볼 수 있는 별자리는 어떻게 변하겠는가? 이때 태양이 지나가는 길에 이름을 붙인다면 어떤 이름을 붙일 수 있을까? 본인의 생각을 서술하시오. (단, 기존에 사용하고 있는 황도라는 이름을 붙여도 좋다.)

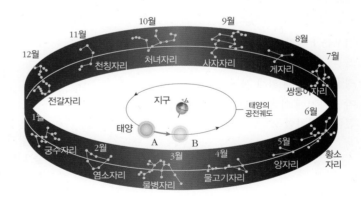

A

01 빈칸에 알맞은 말을 쓰시오.

> 지구가 (   )을 중심으로 (   )쪽에서
> (   )쪽으로 하루에 1 바퀴씩 스스로 도는 운동
> 을 지구의 자전이라고 한다.

02 다음 설명에 해당하는 단어를 쓰시오.

> 지구 자전의 영향으로 지표면 상에서 운동하는 물
> 체는 운동 방향이 휘게 되는데 이때 작용하는 가
> 상적인 힘을 말한다.

(   )

03 지구의 자전에 대한 설명으로 옳은 것은 ○표, 옳
지 않은 것은 ×표 하시오.

(1) 지구는 1 시간에 약 1°씩 스스로 회전한다.

(   )

(2) 지구의 자전에 의해 계절이 변한다. (   )

(3) 지구 자전에 의해 별들이 동쪽에서 서쪽으로 회
전하는 것처럼 보인다. (   )

04 빈칸에 알맞은 말을 쓰시오.

> 남극과 북극을 통과하는 실제 인공 위성의 궤도
> 는 변함이 없으나, 지표면에 있는 관측자가 보는
> 인공 위성의 궤도는 (   )쪽에서 (   )쪽으로
> 1 시간에 약 (   )°씩 이동하는 것처럼 보인다.

05 다음 그림은 북반구에서 위도별로 관찰한 별의 일
주 운동이다. 위도가 높은 순서대로 나열하시오.

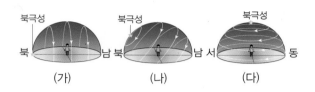

(가)   (나)   (다)

06 지구의 공전에 대한 설명으로 옳은 것은 ○표, 옳
지 않은 것은 ×표 하시오.

(1) 한 시간에 약 15°씩 회전한다. (   )

(2) 동일한 별이 6 개월 뒤에 다른 위치에서 관측이
된다. (   )

(3) 낮의 길이가 달라진다. (   )

07 태양이 천구 상에서 연주 운동하는 길을 무엇이
라고 하는가?

(   )

08 다음 그림은 우리나라에서 태양의 일주 운동 경로
를 나타낸 것이다. 하루 중 낮의 길이가 가장 길
때의 태양의 위치를 기호로 쓰시오.

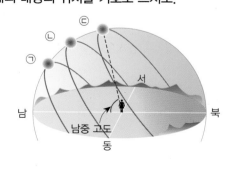

(   )

09 지구의 자전 방향을 서 → 동으로 할 때, 천체들의 운동을 각각 바르게 연결하시오.

(1) 별의 일주 운동 •　　　• ㉠ 동 → 서

(2) 태양의 연주 운동 •　　　• ㉡ 서 → 동

10 다음 〈보기〉에서 지구의 자전에 의한 현상과 지구의 공전에 의한 현상을 바르게 짝지은 것은?

─〈 보기 〉─

ㄱ. 별의 일주 운동　ㄴ. 태양의 연주 운동
ㄷ. 계절의 변화　　ㄹ. 별의 연주 운동
ㅁ. 낮과 밤의 반복

	지구의 자전	지구의 공전
①	ㄱ, ㄴ	ㄷ, ㄹ, ㅁ
②	ㄴ, ㄷ	ㄱ, ㄹ, ㅁ
③	ㄹ, ㅁ	ㄱ, ㄴ, ㄷ
④	ㄱ, ㅁ	ㄴ, ㄷ, ㄹ
⑤	ㄴ, ㄹ	ㄱ, ㄷ, ㅁ

B

11 빈칸에 알맞은 말을 쓰시오.

지구 자전의 영향으로 북반구에서는 물체의 운동 방향에 대하여 (　　)쪽 방향으로, 남반구에서는 (　　)쪽 방향으로 운동 방향이 휘어지게 된다.

12 지구 자전과 관련된 설명으로 옳은 것은?

① 태양이 동쪽에서 뜨고 서쪽으로 진다.
② 지구 자전에 의한 전향력은 극지방에서 가장 작다.
③ 별의 일주 운동 방향은 남반구와 북반구 모두 같다.
④ 푸코 진자의 진동면은 적도 지방에서 시계 방향으로 회전한다.
⑤ 태양이 별자리 사이를 회전하는 현상은 지구 자전의 증거가 된다.

13 다음 그림은 북반구에 있는 관측자가 별들의 모습을 일정한 시간 동안 관찰한 것을 나타낸 것이다. 이에 대한 설명으로 옳은 것을 〈보기〉에서 모두 고른 것은?

─〈 보기 〉─

ㄱ. ㉠은 동쪽, ㉡은 서쪽이다.
ㄴ. 중앙에 있는 별은 북극성이다.
ㄷ. 별들은 B 방향으로 회전하고 있는 것처럼 보인다.
ㄹ. 별의 움직임으로 완벽한 원이 만들어지려면 앞으로 21시간을 더 촬영해야 한다.

① ㄱ, ㄴ, ㄷ　　② ㄴ, ㄷ, ㄹ
③ ㄱ, ㄷ, ㄹ　　④ ㄱ, ㄴ, ㄹ
⑤ ㄱ, ㄴ, ㄷ, ㄹ

14 다음 그림은 북반구 어느 지역에서 관찰한 별의 움직임을 관찰한 것이다. 이와 관련된 설명으로 옳은 것을 고르시오.

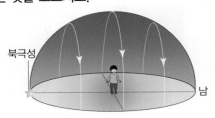

① 별의 연주 운동을 나타낸다.
② 지구의 공전으로 인하여 나타나는 현상이다.
③ 우리나라에서도 같은 모양의 별의 움직임을 관찰할 수 있다.
④ 별은 지구의 자전 속도와 같고 방향은 반대로 회전하는 것처럼 보인다.
⑤ 이 지역의 서쪽 하늘에서 별은 지평선에서 오른쪽으로 비스듬히 지는 방향으로 움직인다.

15 다음 그림은 우리나라에서 보이는 별의 일주 운동을 나타낸 것이다. 바라 본 하늘의 방향이 바르게 짝지어진 것은?

(가)   (나)

	(가)	(나)
①	동쪽	남쪽
②	서쪽	북쪽
③	남쪽	동쪽
④	북쪽	서쪽
⑤	동쪽	서쪽

16 다음 그림 중 별자리를 기준으로 하였을 때 태양의 연주 운동의 방향이 바르게 된 것은?

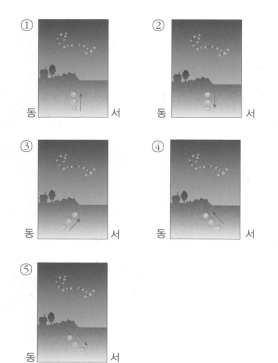

17 다음 그림은 황도 12궁을 나타낸 것이다. 8월에 북반구에서 보이는 별자리 (가)와 2월에 태양이 위치해 있는 별자리 (나)를 바르게 짝지은 것은?

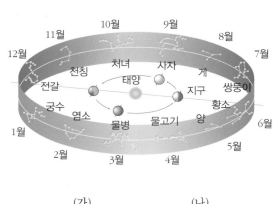

	(가)	(나)
①	게자리	염소자리
②	염소자리	게자리
③	게자리	게자리
④	염소자리	염소자리
⑤	궁수자리	게자리

18 다음 그림은 지구의 공전 궤도를 나타낸 것이다. 각 위치에서 북반구의 계절이 바르게 짝지어진 것은?

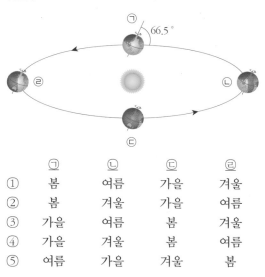

	㉠	㉡	㉢	㉣
①	봄	여름	가을	겨울
②	봄	겨울	가을	여름
③	가을	여름	봄	겨울
④	가을	겨울	봄	여름
⑤	여름	가을	겨울	봄

정답 및 해설 10쪽

[19~20] 다음 그림은 지구의 공전 궤도와 A ~ D 지점 중 한 곳에 지구가 위치할 경우 북반구에서 태양의 남중 고도를 나타낸 것이다. 물음에 답하시오.

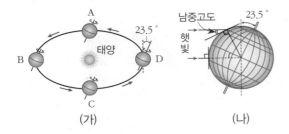

(가)   (나)

19 지구의 공전 궤도 (가)에서 그림 (나)의 위치와 그때 하루 중 낮과 밤의 길이 비교를 바르게 짝지은 것은?

	(나)의 위치	낮과 밤의 길이 비교
①	A	낮 〉 밤
②	B	낮 〈 밤
③	C	낮 〉 밤
④	D	낮 〈 밤
⑤	A	낮 = 밤

20 무한이의 생일은 12월 1일이다. 이때 그림 (가)에서 지구의 위치는?

① A 와 B 사이   ② B 와 C 사이
③ C 와 D 사이   ④ D 와 A 사이
⑤ 알 수 없다.

C

21 태양이 동쪽으로 뜨고 서쪽으로 지면서 낮과 밤이 반복된다. 이러한 현상의 원인과 관련된 설명으로 옳은 것은?

① 일식 현상이 일어난다.
② 동일한 별이 관측되는 위치가 먼 별들을 배경으로 달라진다.
③ 극지방으로 갈수록 운동하는 물체의 운동 방향이 더 많이 휜다.
④ 태양의 남중 고도와 낮의 길이가 달라져서 계절의 변화가 나타난다.
⑤ 적도 지방에서 극지방으로 갈수록 푸코 진자의 진동면의 회전 주기가 길어진다.

22 다음 그림은 밤하늘에서 바라 본 북극성과 북두칠성의 움직임을 나타낸 것이다. 북두칠성이 A 에 위치하고 있을 때의 시각이 밤 12시 였다면 B 와 C 에 북두칠성이 위치하고 있을 때의 시간이 바르게 짝지어진 것은?

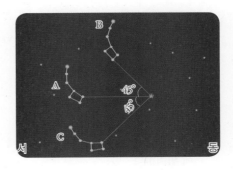

	북두칠성이 B 에 위치하고 있을 때 시간	북두칠성이 C 에 위치하고 있을 때 시간
①	새벽 1시	밤 11시
②	밤 11시	새벽 1시
③	새벽 3시	밤 9시
④	밤 9시	새벽 3시
⑤	밤 10시	새벽 2시

23 다음 그림은 북반구에 있는 어느 지역에서 하늘의 서로 다른 방향을 향해 촬영한 별의 일주 운동 사진이다. 이에 대한 설명으로 옳은 것을 〈보기〉에서 모두 고른 것은?

(가)   (나)   (다)

─────〈 보기 〉─────

ㄱ. 중위도 지역에서 촬영한 것이다.
ㄴ. (가) 에서 별들은 지평선에서 왼쪽으로 비스듬히 떠오르고 있다.
ㄷ. (나) 에서 별들은 지평선과 나란하게 서에서 동으로 이동하고 있다.
ㄹ. (다) 에서 별들은 북극성을 중심으로 반시계 방향으로 회전하고 있다.

① ㄱ, ㄴ   ② ㄱ, ㄷ   ③ ㄱ, ㄹ
④ ㄱ, ㄴ, ㄷ   ⑤ ㄱ, ㄷ, ㄹ

24 다음 그림 (가)는 천구의 적도와 황도를 나타낸 것이고, 그림 (나)는 지구의 공전 궤도를 나타낸 것이다. 이에 대한 설명으로 옳은 것은?

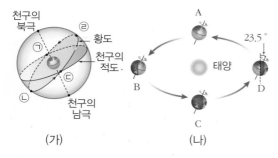

(가)　　　　　(나)

① 천구 상에서 태양이 ㉠에 위치할 때 지구는 A 에 위치한다.

② 지구가 C에 위치해 있을 때 태양의 남중 고도 가 가장 높다.

③ ㉡에서 ㉢으로 태양의 위치가 변할 때 남중 고 도는 점점 낮아진다.

④ 지구가 B에 위치해 있을 때 북반구에서는 하루 중 밤의 길이가 가장 길다.

⑤ 천구 상에서 태양이 ㉣에 위치할 때 북반구에 서는 하루 중 낮의 길이가 가장 길다.

25 다음 그림은 북반구 중위도에서 태양의 일주 운 동 경로를 나타낸 것이다. 이에 대한 설명으로 옳 은 것은?

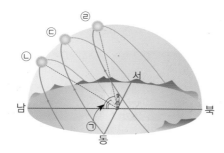

① ㉣에 태양이 위치해 있을 때 남중 고도가 가장 낮다.

② ㉢에 태양이 위치해 있을 때 낮과 밤의 길이는 같다.

③ 태양이 ㉡에 위치해 있을 때 하루 중 낮의 길이 가 가장 길다.

④ 태양의 위치가 ㉢에서 ㉣로 변할 때 지표면에 도달하는 태양 복사 에너지의 양은 점점 줄어 든다.

⑤ 지구의 자전축이 공전 궤도면에 대하여 약 23.5 ° 기울어져서 지구가 공전하기 때문에 일 어나는 현상이다.

26 다음 그림은 일정한 시간을 간격으로 일정한 궤 도를 따라 지구 둘레를 돌고 있는 인공 위성을 나 타낸 것이다. 시간이 흐르면서 이 인공 위성 궤 도가 움직이는 방향을 기호로 쓰고, 그 이유를 서 술하시오.

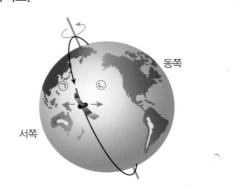

27 태양을 비롯한 천체들이 자전축을 중심으로 회전 하는 것처럼 보이는 이유를 서술하시오.

정답 및 해설 **10쪽**

28 지구의 자전 방향과 별의 일주 운동 방향을 비교하여 서술하시오.

31 지구에서 별 A 와 별 B 의 연주 시차를 측정하였을 때, 별 A 의 연주 시차가 별 B 보다 컸다. 이때 어느 별이 더 지구와 가까운 지 말하고, 그 이유를 서술하시오.

29 한밤중에 남쪽 하늘에서 관측되는 별자리는 계절에 따라 달라진다. 그 이유를 지구의 공전과 관련지어 설명하시오.

30 다음 그림과 같이 지구에서는 사계절의 변화가 일어난다. 계절 변화가 일어나는 이유를 서술하시오.

32 지구는 자전축이 공전 궤도면에 대하여 약 66.5° 기울어진 채 공전한다. 만약 지구의 자전축이 공전 궤도면에 대하여 30° 만큼만 기울어진 채 공전한다면 우리나라의 계절이 어떻게 달라질까?

17강. 달의 운동

1. 달의 공전

(1) 달의 공전 : 달이 지구를 중심으로 한 달에 한 바퀴씩 회전하는 것이다.

① 공전 방향 : 서쪽 → 동쪽

② 공전 속도 : 27.3일 동안 지구 한 바퀴를 회전

(2) 달의 공전에 의한 현상

① 달의 위치 변화 : 매일 해가 진 직후 같은 시각에 관측한 달의 위치와 모양이 달라진다.

> 하루에 약 13° 씩
> 서쪽에서 동쪽으로 이동

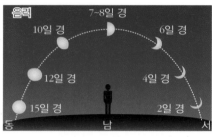

▲ 달의 위치 변화 (해가 진 직후)

② 달의 위상 변화(북반구) : 태양의 위치 기준 지표면의 시각을 알 수 있다.

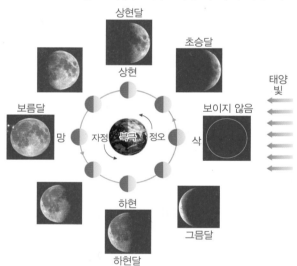

▲ 달의 위상 변화 (사진은 지구 북반구에서 봤을 때의 모양)

〈 삭 〉
음력 1일 경 달과 태양이 같은 방향에 있어 달을 볼 수 없는 시기

〈 상현 〉
음력 7~8일 경 오른쪽 반달이 되는 시기

〈 망 〉
음력 15일 경 달과 태양이 반대 방향에 있어 달의 전체를 볼 수 있는 시기

〈 하현 〉
음력 22~23일 경 왼쪽 반달이 되는 시기

왼쪽 여백

● **달의 공전 속도**

$$\frac{360°}{27.3일} \rightarrow$$ 하루에 약 13°씩 회전

● **달의 위상**

지구에서 볼 때 태양-지구-달의 상대적인 위치에 따라 태양 빛을 반사하는 달표면의 밝게 보이는 넓이가 달라보이므로 달의 위상(겉보기 모양)이 변한다.

● **달의 관측 시간**

달의 이름 (음력 관측일)	관측 시간 및 관측 하늘
초승달 (3일경)	해가 진 직후 서쪽 하늘
상현달 (7~8일)	해가 진 직후 남쪽 하늘
보름달 (15일경)	한밤중에 남쪽 하늘
하현달 (22~23일)	해가 뜰 무렵 남쪽 하늘
그믐달 (26일경)	해 뜨기 직전 동쪽 하늘

● **상현달과 하현달**

음력 한 달은 상순, 중순, 하순으로 나누어진다. 이때 상순의 반달을 상현달, 하순의 반달을 하현달이라고 하였다.

▲ 음력 7일 경 상현달의 움직임

▲ 음력 22일경 하현달의 움직임

미니사전

삭 [朔 초하루, 음력 1일] 달이 태양과 지구 사이에 들어가 일직선을 이루는 때
망 [望 보름, 음력 15일] 태양, 지구, 달이 순서대로 한 직선 위에 놓이는 때

개념확인 1 빈칸에 알맞은 말을 고르시오.

> 달이 (㉠ 동쪽 ㉡ 서쪽)에서 (㉠ 동쪽 ㉡ 서쪽)으로 (㉠ 27.3 ㉡ 30)일 동안 지구 한 바퀴를 회전하는 것을 달의 공전이라고 한다.

확인 +1 음력 15일 경 남쪽 하늘에서 볼 수 있는 달의 모습으로 옳은 것은?

① ② ③ ④ ⑤

2. 달의 공전 주기

(1) 항성월 : 달이 천구 상의 어느 별을 기준으로 지구 주위를 한 바퀴 돌아 다시 제 자리로 돌아오는 데 걸리는 시간 → 약 <u>27.3</u>일로 달의 실제 공전 주기이다.

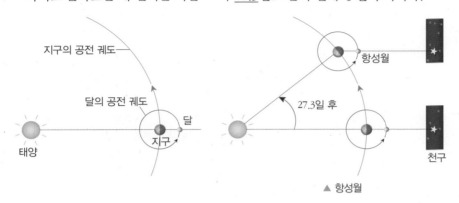

▲ 항성월

(2) 삭망월 : 달이 위상이 변하여 다시 동일한 위상(삭에서 삭 또는 망에서 망)이 될 때까지 걸리는 시간이다. → 약 <u>29.5</u>일로 음력 한 달

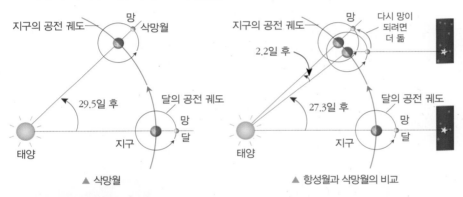

▲ 삭망월　　　　　　　　▲ 항성월과 삭망월의 비교

(3) 항성월과 삭망월이 차이가 나는 이유 : 달이 약 27.3일 동안 지구 둘레를 공전 하는 동안 지구도 태양 주위를 공전하게 된다. 그러므로 약 2.2일이 지나서야 태양 - 지구 - 달이 나란한 위치에 오게 되면서 달의 위상이 같아지는 것이다.

● 달의 자전

공전 주기와 달의 자전 주기가 같기 때문에 지구에 서는 달의 한쪽 면만 관측 할 수 있다.

방향	서쪽 → 동쪽
주기	27.3일
속도	13°/일

● 달의 뜨는 시각

지구가 하루에 한 바퀴 자 전하는 동안 달도 하루에 13° 씩 지구를 공전한다. 달 이 전날과 같은 위치에서 보이려면 달이 공전한 만큼 더 자전해야 하기 때문에 달은 매일 약 50분씩 늦게 뜨는 것처럼 보인다.

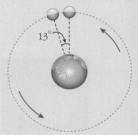

● 생각해보기★

지구에서 달을 관측할 때 는 달의 한쪽 면만을 볼 수 있다. 달에서 지구를 관 측할 경우에도 항상 지구 의 같은 면만을 볼 수 있 을까?

정답 및 해설 **12쪽**

 달이 위상이 변하여 다시 동일한 위상이 될 때까지 걸리는 시간을 무엇이라 고 하는가?

(　　　　　　　　)

 빈칸에 알맞은 말을 쓰시오.

> 달이 약 (　　　　)일 동안 지구 둘레를 한 바퀴 공전하는 동안 지구도 태양 주위 를 공전하기 때문에 약 (　　　　)일이 더 지나서야 달의 위상이 같아진다.

종류	특징
개기 일식	태양이 완전히 가려지는 현상
부분 일식	태양의 일부만 가려지는 현상
금환 일식	달의 각지름이 태양의 각지름보다 작을 때, 달이 태양의 내부에 완전히 들어가서 태양의 가장자리가 반지 모양으로 보이는 현상

● 월식의 종류

종류	특징
개기 월식	달 전체가 가려지는 현상
부분 월식	달의 일부만 가려지는 현상

● 일식과 월식

삭과 망은 매달 반복되지만 일식과 월식 현상은 매달 일어나지 않는다. 달의 공전 궤도(백도)와 지구의 공전 궤도(황도)가 약 5° 기울어져 있기 때문에 황도와 백도가 만나는 곳에서 삭과 망이 될 때만 일식과 월식이 일어난다.

● 생각해보기★★

개기 월식때 달이 사라지지 않고 붉게 보이는 이유는 무엇일까?

3. 일식과 월식

(1) **일식** : 달의 그림자에 의해 태양이 일부 또는 전부가 가려지는 현상이다.
　① 천체의 배열 : 태양 - 달 - 지구 순서대로 배열
　② 달의 위상이 삭일 때 관측 가능
　③ 진행 방향 : 달이 태양의 오른쪽에서 왼쪽으로 진행하면서 태양을 가리게 된다.
　④ 관측 지역 : 낮에 달의 그림자 속에 있는 일부 지역에서만 관측

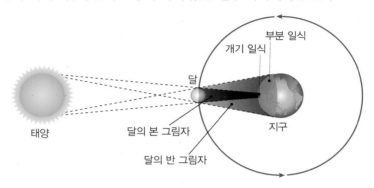

(2) **월식** : 지구의 그림자 속으로 달이 들어가 달의 일부 또는 전부가 가려지는 현상이다.
　① 천체의 배열 : 태양 - 지구 - 달 순서대로 배열
　② 달의 위상이 망일 때 관측 가능
　③ 진행 방향 : 달이 서에서 동으로 공전하면서 지구의 그림자 속으로 들어가므로 달의 왼쪽부터 가려진다.
　④ 관측 지역 : 밤이 되는 모든 지역에서 관측

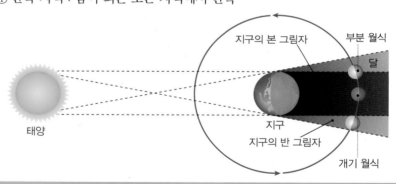

개념확인 3 일식과 월식에 대한 설명으로 옳은 것은 ○표, 옳지 않은 것은 ×표 하시오.

(1) 일식일 때 천체는 태양 - 달 - 지구 순서대로 배열된다. 　　(　)
(2) 월식은 낮에도 일부 지역에서 관측이 가능하다. 　　(　)
(3) 달의 위상이 삭일 때는 일식을, 망일 때는 월식을 관측할 수 있다. 　　(　)

확인 +3 빈칸에 알맞은 말을 고르시오.

> 태양 - 지구 - 달 순서대로 천체가 배열할 때 발생하는 (㉠ 일식 ㉡ 월식)은 달의 (㉠ 오른쪽 ㉡ 왼쪽)부터 가려진다.

4. 달과 우리 생활

(1) **조석** : 달과 태양의 인력으로 인하여 해수면의 높이가 하루에 2번씩 주기적으로 변하는 현상이다.

만조	간조
해수면이 하루 중 가장 높아졌을 때	해수면이 하루 중 가장 낮아졌을 때

(2) **조차** : 만조와 간조 때 해수면의 높이 차이를 말한다.

① 사리와 조금

사리	조금
· 한 달 중 조차가 최대가 되는 때 · 태양 - 지구 - 달이 일직선 상에 배열되어 태양과 달의 인력이 같은 방향에서 작용되기 때문 · 달의 위상이 삭이나 망일때 나타남	· 한 달 중 조차가 최소가 되는 때 · 태양 - 지구 - 달이 수직으로 배열되어 태양과 달의 인력이 수직 방향에서 작용되기 때문 · 달의 위상이 하현이나 상현일 때 나타남

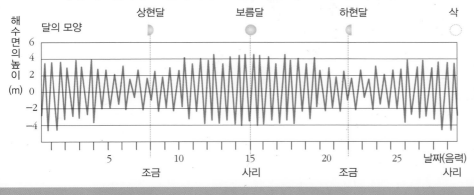

② 해수면의 높이 변화 : 음력 15일이나 29일 경은 조차가 가장 큰 사리일 때이고, 음력 7일이나 22일 경에는 조차가 가장 작은 조금일 때이다.

정답 및 해설 12쪽

 조석에 대한 설명을 바르게 연결하시오.

(1) 만조 •   • ㉠ 해수면이 하루 중 가장 낮아졌을 때

(2) 간조 •   • ㉡ 해수면이 하루 중 가장 높아졌을 때

확인 +4 다음 중 달과 해수면의 움직임과 관련된 설명으로 옳은 것은?

① 음력 15일 경은 조금일 때이다.
② 달의 위상이 삭이나 망일 때 사리 현상이 나타난다.
③ 한 달 중 조차가 최대가 되는 때를 조금이라고 한다.
④ 해수면이 하루 중 가장 낮아졌을 때를 만조라고 한다.
⑤ 달과 지구의 인력으로 해수면의 높이가 변하는 현상을 조석이라고 한다.

조석 주기

조석 주기(만조-만조, 간조-간조까지 걸리는 시간)는 약 12시간 25분이다. 이는 지구 자전을 고려하면 12시간의 주기를 가져야 하나 달이 하루에 약 13°씩 공전을 하기 때문에 같은 위치가 되려면 지구가 13°(약 50분)를 더 돌기 때문이다.

조류 발전

조류란 조석에 의한 해수면의 변동으로 발생하는 바닷물의 흐름을 말한다. 만조와 간조의 중간 지점에서 조류는 최대 속도가 된다. 이러한 조류의 흐름을 이용하여 바닷속에 설치한 터빈을 돌려 전기를 발생시키는 방식을 조류 발전 이라고 한다. 우리나라 전남 진도군과 해남군 사이의 울돌목(명량해협)에 조류 발전소가 가동 중이다.

▲ 울돌목 조류 발전

음력

음력의 12달은 달의 위상 변화를 기준으로 만든 역법이다.

미니사전

조차 [潮 밀물 조 差 다르다]
만조와 간조 때 해수면의 높이 차이

01 달의 공전에 대한 설명으로 옳은 것은?

① 하루에 약 1° 씩 이동한다.
② 31일 동안 지구 한 바퀴를 회전한다.
③ 지구에서 관측할 수 있는 달의 모양은 항상 같다.
④ 달이 지구를 중심으로 1년에 한 바퀴씩 회전하는 것이다.
⑤ 달의 공전 방향과 지구의 공전 방향은 서쪽에서 동쪽으로 같다.

02 다음 그림은 달의 공전 궤도를 나타낸 것이다. 오른쪽 반달이 되는 시기에 달이 위치한 곳으로 옳은 것은?

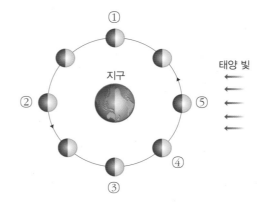

03 달의 공전 주기와 관련된 설명으로 옳은 것은?

① 음력 한 달은 항성월과 같다.
② 삭망월과 항성월은 일치한다.
③ 달의 실제 공전 주기와 삭망월은 같다.
④ 달이 위상이 변하여 다시 동일한 위상이 될 때까지 걸리는 시간이 항성월이다.
⑤ 달의 공전 주기와 달의 자전 주기가 같기 때문에 달의 한쪽 면만 관측할 수 있다.

04 오른쪽 그림은 달에 의한 어떤 현상이다. 이와 관련된 설명으로 옳은 것은?

① 달의 왼쪽부터 가려진다.
② 달의 위상이 망일 때 관측이 가능하다.
③ 밤이 되는 모든 지역에서 관측할 수 있다.
④ 달의 그림자에 의해 태양이 전부 가려지는 현상이다.
⑤ 천체의 배열이 태양 - 지구 - 달 순서대로 배열될 때 나타나는 현상이다.

05 다음 〈보기〉에서 사리에 대한 설명으로 옳은 것을 모두 고른 것은?

─── 〈 보기 〉 ───

ㄱ. 한 달 중 조차가 최소가 되는 때를 말한다.
ㄴ. 태양 - 지구 - 달이 일직선 상에 배열되어 나타난다.
ㄷ. 달의 위상이 삭일 때 나타난다.

① ㄱ   ② ㄴ   ③ ㄷ   ④ ㄱ, ㄴ   ⑤ ㄴ, ㄷ

06 다음 〈보기〉에서 달의 위상이 삭일 때 일어나는 현상을 모두 고른 것은?

─── 〈 보기 〉 ───

ㄱ. 일식   ㄴ. 월식   ㄷ. 사리   ㄹ. 조금

① ㄱ, ㄴ   ② ㄱ, ㄷ   ③ ㄴ, ㄷ   ④ ㄴ, ㄹ   ⑤ ㄷ, ㄹ

[유형17-1] 달의 공전

다음 그림은 달의 공전 궤도를 나타낸 것이다. 이에 대한 설명으로 옳은 것은?

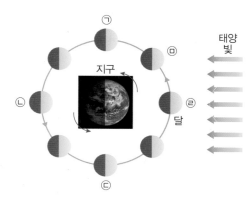

① ㉠ 위치에 달이 있을 때는 해가 뜰 무렵 남쪽 하늘에서 달을 관찰할 수 있다.
② ㉡ 위치에 달이 있을 때는 한밤중에 남쪽 하늘에서 달을 관찰할 수 있다.
③ ㉢ 위치에 달이 있을 때는 오른쪽 반달이 되는 시기이다.
④ ㉣ 위치에 달이 있을 때는 자정에 달이 떠서 정오에 진다.
⑤ ㉤ 위치에 달이 있을 때의 달을 그믐달이라고 한다.

01 다음 그림은 달의 위치와 위상 변화를 나타낸 것이다. 이에 대한 설명으로 옳은 것은?

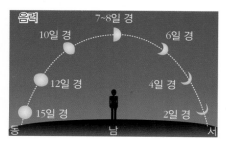

① 달의 자전에 의한 현상이다.
② 음력 7~8일 경에 관측한 달은 하현달이다.
③ 매일 자정 무렵 같은 시각에 관측한 달의 모습이다.
④ 달은 하루에 약 13° 씩 서쪽에서 동쪽으로 이동하고 있다.
⑤ 음력 15일 경에 관측한 보름달은 자정 무렵에는 볼 수 없을 것이다.

02 해가 뜨기 전 새벽에 남쪽 하늘에서 관측할 수 있는 달의 위상과 그 달을 관측할 수 있는 음력 일이 바르게 짝지어진 것은?

① 음력 3일경   ② 음력 7일경

③ 음력 15일경   ④ 음력 22일경

⑤ 음력 26일경

[유형17-2] 달의 공전 주기

다음 그림은 달의 공전에 따른 태양, 지구, 달의 위치를 나타낸 것이다. 이에 대한 설명으로 옳은 것은?

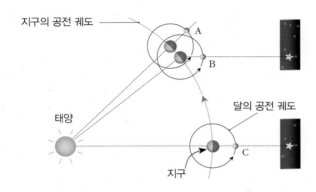

지구의 공전 궤도
A
B
태양
달의 공전 궤도
C
지구

① C에서 A위치까지 움직이는데 걸리는 시간은 약 31.5일이다.
② C에서 B위치까지 움직이는데 걸리는 시간은 약 29.3일이다.
③ C에서 B위치까지 움직이는데 걸리는 시간은 음력 한 달이다.
④ C에서 A위치까지 움직이는데 걸리는 시간은 달의 실제 공전 주기이다.
⑤ 달이 지구 둘레를 공전하는 동안 지구도 태양 주위를 공전하기 때문에 두 공전 주기에 차이가 생긴다.

03 삭망월에 대한 설명으로 옳은 것을 〈보기〉에서 모두 고른 것은?

─── 〈 보기 〉 ───

ㄱ. 달이 천구 상의 어느 별을 기준으로 지구 주위를 한 바퀴 돌아 다시 제 자리로 돌아오는 데 걸리는 시간
ㄴ. 달이 삭에서 삭이 다시 될 때까지 걸리는 시간
ㄷ. 달의 실제 공전 주기
ㄹ. 음력 한 달

① ㄱ, ㄴ   ② ㄱ, ㄷ   ③ ㄱ, ㄹ
④ ㄴ, ㄷ   ⑤ ㄴ, ㄹ

04 다음 그림은 지구와 달의 공전 모습을 나타낸 것이다. 지구와 달의 위치가 A에서 B로 변할 때 걸리는 시간과 이를 나타내는 명칭이 바르게 짝지어진 것은?

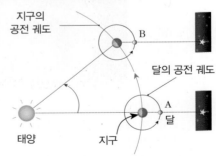

지구의 공전 궤도
B
달의 공전 궤도
A
달
태양
지구

	공전 주기	명칭
①	약 27.3일	항성월
②	약 29.5일	항성월
③	약 27.3일	삭망월
④	약 29.5일	삭망월
⑤	약 27.3일	항망월

[유형17-3] 일식과 월식

다음 그림은 일식과 월식을 나타낸 것이다. 이에 대한 설명으로 옳은 것은?

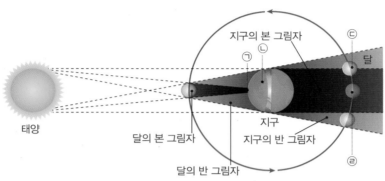

① ㉠위치에서 달이 붉게 보인다.
② ㉡위치에서 태양이 완전히 가려져서 보인다.
③ ㉠과 ㉡ 위치에서 볼 수 있는 현상은 달의 위상이 망일 때 관측이 가능하다.
④ 달이 ㉢과 ㉣ 위치에 있을 때 보여지는 현상은 낮에 일부 지역에서만 관측이 가능하다.
⑤ 달이 ㉢과 ㉣ 위치에 있을 때 보여지는 현상은 달의 왼쪽부터 가려지기 시작하여 오른쪽으로 빠져나오면서 끝난다.

05 다음 그림은 특정한 날 관측한 달의 모습이다. 이에 대한 설명으로 옳은 것은?

① 일식 현상이다.
② 달의 위상이 삭일 때 관측이 가능하다.
③ 밤이 되는 모든 지역에서 관측이 가능하다.
④ 달의 그림자에 의해 태양이 가려지는 현상이다.
⑤ 태양 - 달 - 지구 순서대로 천체가 배열될 때 나타나는 현상이다.

06 일식과 월식에 대한 설명이 바르게 짝지어진 것은?

		일식	월식
①	정의	지구의 그림자 속으로 달이 들어가는 현상	달의 그림자에 의해 태양이 가려지는 현상
②	천체 배열	태양-지구-달	태양-달-지구
③	달의 위상	망	삭
④	진행 방향	달의 왼쪽부터 가려짐	태양의 오른쪽부터 가림
⑤	관측 지역	낮에 일부 지역에서만	밤이 되는 모든 지역에서

[유형17-4] 달과 우리 생활

다음 그림은 해수면의 높이 변화를 나타낸 것이다. 이에 대한 설명으로 옳은 것은?

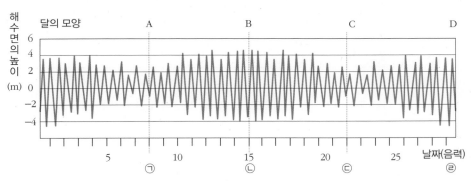

① ㉡과 ㉣은 조금이다.
② A는 보름달, B는 하현달, C는 삭, D는 상현달이다.
③ ㉠과 ㉢은 한 달 중 조차가 최소가 되는 때인 조금이다.
④ 해수면의 높이 변화는 지구의 중력 때문에 나타난다.
⑤ ㉡은 태양 - 지구 - 달이 수직으로 배열될 때 나타난다.

07 다음 그림은 태양 – 지구 – 달의 위치와 해수면의 높이 차이를 나타낸 것이다. 이와 관련된 설명으로 옳은 것은?

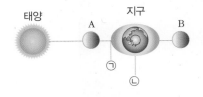

① ㉠은 사리, ㉡은 조금을 나타낸다.
② 달이 B 위치에 있을 때 한 달 중 조차가 최대가 된다.
③ ㉠일 때와 ㉡일 때 해수면의 높이 차이를 조석이라고 한다.
④ 달이 A 위치에 있을 때 한밤중에 남쪽 하늘에서 달을 관찰할 수 있다.
⑤ 해수면의 높이 차이는 지구가 공전하기 때문에 발생한다.

08 다음 중 조석과 조차에 대한 설명으로 옳은 것만을 〈보기〉에서 있는 대로 고른 것은?

─── 〈 보기 〉 ───

ㄱ. 음력 15일 경은 사리일 때이다.
ㄴ. 음력 29일 경은 조금일 때이다.
ㄷ. 해수면의 높이가 주기적으로 변하는 현상을 조석이라고 한다.
ㄹ. 달의 위상이 하현이나 상현일 때 한 달 중 조차가 최소가 되는 때이다.

① ㄱ, ㄴ　　　② ㄴ, ㄷ　　　③ ㄱ, ㄷ
④ ㄱ, ㄴ, ㄷ　　⑤ ㄱ, ㄷ, ㄹ

01 같은 시간에 무한이는 서울에서 달을 관찰하고 있고, 상상이는 호주 칼굴리(Kalgoorlie) 에서 달을 관찰하고 있다. 물음에 답하시오. (서울과 칼굴리의 위도와 경도는 아래의 표와 같다.)

	위도	경도
서울	37.6° N	127° E
칼굴리	30° S	121° E

(1) 무한이가 초승달을 보고 있을 때, 상상이가 보고 있는 달의 모양을 그려보시오.

(2) 시간이 흐른 뒤 무한이가 서울에서 아래의 그림과 같은 보름달을 보고 있을 때, 상상이가 보고 있는 달의 모습에 대하여 서술하시오.

02 다음 그림은 2009년 7월 22일 일본에서 발생한 개기 일식 모습이다. 물음에 답하시오.

(1) 만약 개기 일식이 발생할 때의 지구와 달의 위치가 서로 바뀐다면 어떤 현상이 발생하겠는가?

(2) 일본에서 개기 일식이 발생한 날 우리나라에서는 태양의 일부분만 가려지는 부분 일식을 관찰할 수 있었다. 두 나라에서 관찰한 현상이 다른 이유는 무엇일지 서술하시오.

03 다음 그림은 초승달과 별을 모티브로 한 국기들이다. 같은 초승달을 모티브로 하였지만 모양이 제각각인 것을 볼 수 있다. 그 이유는 무엇일지 서술하시오.

▲ 터키 국기　　　　▲ 모리타니 국기　　　　▲ 파키스탄 국기　　　　▲ 싱가포르 국기

04 다음 그림은 빈센트 반고흐 작품인 '별이 빛나는 밤' 과 '싸이프러스 나무가 있는 길'이다. 두 작품 속에는 모두 달이 그려져 있다. 빈센트 반고흐는 주로 프랑스(동경 $2°$, 북위 $48°$)에서 활동하였다. 이를 참고로 하여 각각의 작품의 배경 시기(일출과 일몰을 기준으로)와 달이 뜬 방향, 이름을 각각 쓰시오.

▲ 별이 빛나는 밤

▲ 싸이프러스 나무가 있는 길

(가) 배경 시기　　（　　　　　）　　(나) 배경 시기　　（　　　　　）
　　달이 뜬 방향　（　　　　　）　　　　달이 뜬 방향　（　　　　　）
　　달의 이름　　（　　　　　）　　　　달의 이름　　（　　　　　）

정답 및 해설 **14쪽**

05 다음은 우리나라에서 열리는 축제에 대한 소개글이다. 이를 읽고 물음에 답하시오.

"신비의 바닷길이 열리는 무창포"

무창포 신비의 바닷길 대축제가 충남 보령시 웅천읍 무창포 해수욕장에서 개최됩니다. 현대판 모세의 기적이라 불리는 무창포 해변에서 석대도까지의 1.5Km의 물 갈라짐 현상을 모티브로 매년 개최되고 있는 신비의 바닷길 대축제는, 음력 ㉠ 과 ㉡에 열리는 바닷길에 맞추어 개최되며, 연예인들의 축하 공연, 어업 체험 및 신비의 바닷길 횃불 대행진 등 다양한 볼거리와 맨손 고기잡이 체험, 독살어업 생태 체험, 바지락 잡기 체험, 맛살 잡기 체험, 선상 가두리 낚시 체험과 조개까기 체험 등 다양한 체험 거리가 제공됩니다.

무창포는 보령시가 자랑하는 전국 최고의 해수욕장으로 신비의 바닷길과 송림, 기암괴석이 이루어진 공간으로 여러분의 휴가를 즐기시기에 부족함이 없을 것입니다.

특히, 올해부터 충청남도 지역 향토 문화 축제로 지정되었고, 무창포 해수욕장이 1928년 서해안에서 가장 먼저 개장하며 올해로 80돌을 맞이하여, 여러분에게 더욱 특별한 추억을 남겨 드릴 것입니다.

무창포 신비의 바닷길 대축제가 열리는 시기로 적절한 때는 언제일까? 소개글 속 ㉠과 ㉡에 들어갈 알맞은 말을 〈보기〉에서 고르고, 그 이유를 서술하시오.

─── 〈 보기 〉 ───
ㄱ. 보름   ㄴ. 상현   ㄷ. 하현   ㄹ. 그믐

A

01 달의 운동과 관련된 설명으로 옳은 것은 ○표, 옳지 않은 것은 ×표 하시오.

(1) 달의 공전 속도는 약 $13°/$일 이다. ( )

(2) 달의 자전으로 인하여 달의 위상이 변한다. ( )

(3) 음력 15일 경에는 달의 전체를 볼 수 있다. ( )

02 달의 위상 변화를 날짜 순서대로 나타낸 것이다. 빈칸에 알맞은 말을 각각 쓰시오.

삭 → ( ) → ( ) → 보름달
→ ( ) → ( ) → 삭

03 다음 그림은 천구 상에서 달의 움직임을 나타낸 것이다. 이와 같이 해가 질 무렵 남중하는 달은 무엇인가?

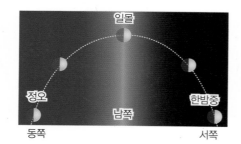

( )

04 다음 〈보기〉 중에서 하루 중 관측 시간이 가장 긴 달을 기호로 쓰시오.

─ 〈 보기 〉 ─
ㄱ. 초승달   ㄴ. 상현달   ㄷ. 보름달
ㄹ. 하현달   ㅁ. 그믐달

( )

05 달이 천구 상의 어느 별을 기준으로 지구 주위를 한 바퀴 돌아 다시 제자리로 돌아오는 데 걸리는 시간을 무엇이라고 하는가?

( )

06 음력 한 달과 달의 실제 공전 주기의 차이는 약 며칠인가?

( )일

07 각 기호에 들어갈 말이 바르게 짝지어진 것은?

태양 – 달 – 지구 순서대로 천체가 배열할 때 발생하는 (㉠)은 달이 태양의 (㉡)으로 진행하면서 태양을 가리게 된다.

	㉠	㉡
①	일식	오른쪽 → 왼쪽
②	일식	왼쪽 → 오른쪽
③	월식	오른쪽 → 왼쪽
④	월식	왼쪽 → 오른쪽
⑤	삭	위쪽 → 아래쪽

08 다음 그림은 태양–달–지구의 위치를 나타낸 것이다. 이때 그림 (가)와 같은 현상을 관찰할 수 있는 지역을 기호로 쓰시오.

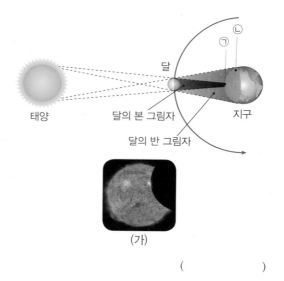

(가)

( )

09 조석과 조차에 대한 설명을 바르게 연결하시오.

(1) 조석 •
(2) 조차 •

• ㉠ 만조와 간조 때 해수면의 높이 차이
• ㉡ 해수면의 높이가 주기적으로 변하는 현상

10 다음은 조차에 대한 설명이다. 빈칸에 알맞은 말을 쓰시오.

음력 15일이나 29일경은 조차가 가장 큰 (   )일 때이고, 음력 7일이나 22일경은 조차가 가장 작은 (   )일 때이다.

B

[11~12] 다음 그림은 달이 지구 주위를 공전하고 있는 모습이다. 물음에 답하시오.

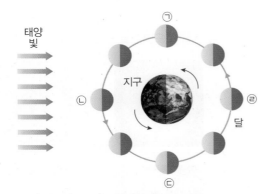

11 각각의 위치에 해당하는 달의 명칭이 바르게 짝지어진 것은?

	㉠	㉡	㉢	㉣
①	초승달	상현달	보름달	하현달
②	상현달	보름달	하현달	그믐달
③	삭	상현달	보름달	하현달
④	하현달	삭	상현달	보름달
⑤	보름달	하현달	삭	상현달

12 각각의 위치에 있을 때 달이 뜨는 시간과 지는 시간이 바르게 짝지어진 것은?

		달이 뜨는 시간	달이 지는 시간
①	㉠	해가 뜰 때	해가 질 때
②	㉡	해가 질 때	해가 뜰 때
③	㉢	정오	자정
④	㉣	해가 뜰 때	정오
⑤	㉠	해가 질 때	해가 뜰 때

13 해가 뜰 무렵 남쪽 하늘에서 관측할 수 있는 달의 위상과 그 달을 관측할 수 있는 음력 일이 바르게 짝지어진 것은?

① 음력 3일경   ② 음력 7일경   ③ 음력 15일경

④ 음력 26일경   ⑤ 음력 22일경

14 달이 위상이 변하여 다시 동일한 위상이 될 때까지 걸리는 시간은 며칠이며, 이를 나타내는 명칭이 바르게 짝지어진 것은?

	공전 주기	명칭
①	약 27.3일	항성월
②	약 29.5일	항성월
③	약 27.3일	삭망월
④	약 29.5일	삭망월
⑤	약 30일	항성월

15 달의 자전과 달의 공전에 대한 설명으로 옳은 것을 〈보기〉에서 모두 고른 것은?

〈 보기 〉

ㄱ. 달의 자전과 달의 공전 방향은 모두 서쪽에서 동쪽이다.

ㄴ. 달의 자전 주기와 달의 공전 주기는 모두 27.3일 이다.

ㄷ. 달의 자전 속도는 13°/시간, 달의 공전 속도는 13°/일이다.

ㄹ. 지구에서 달의 한쪽 면만 관찰할 수 있는 이유는 달의 자전과 달의 공전 방향이 같기 때문이다.

① ㄱ, ㄴ　　② ㄴ, ㄷ　　③ ㄱ, ㄷ
④ ㄱ, ㄴ, ㄷ　　⑤ ㄱ, ㄷ, ㄹ

16 다음 그림은 지구와 달의 공전 모습을 나타낸 것이다. 이에 대한 설명으로 옳지 않은 것은?

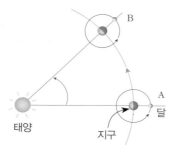

① 달이 B에 위치할 때를 망이라고 한다.
② A위치에 있을 때 달은 보이지 않는다.
③ 달의 위치가 A에서 B로 변하는데 걸리는 시간은 약 29.5일이다.
④ 달의 위치가 A에서 B로 변하는데 걸리는 시간은 음력 한 달과 같다.
⑤ 달의 위치가 A에서 B로 변하는데 걸리는 시간을 삭망월이라고 한다.

17 오른쪽 그림은 달이 태양의 내부에 완전히 들어가서 태양의 가장자리가 반지 모양으로 보이는 현상이다. 이를 무엇이라고 하는지 쓰시오.

(　　　　　)

[18~19] 다음 그림은 태양, 달, 지구의 위치 관계를 나타낸 것이다. 물음에 답하시오.

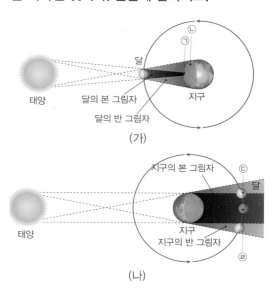

(가)

(나)

18 위의 그림과 관련된 설명으로 옳은 것은?

① (나)에서 달의 위상은 삭이다.
② (가)는 월식 현상을 나타낸 것이다.
③ (나)에서 달은 오른쪽부터 가려진다.
④ (나)에서 달에 의한 현상은 밤이 되는 모든 지역에서 관측할 수 있다.
⑤ (가)에서 달이 태양의 왼쪽에서 오른쪽으로 진행하면서 태양을 가리게 된다.

19 달이 ㉢에 위치해 있을 때 지구에서 관찰할 수 있는 달의 모습으로 옳은 것은?

① 　　②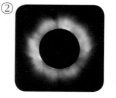

③ 　　④

⑤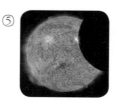

20 다음 그림은 태양 − 지구 − 달의 위치와 해수면의 높이 차이를 나타낸 것이다. 이와 관련된 설명으로 옳은 것은?

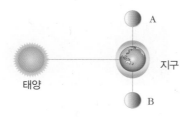

① 한 달 중 조차가 최대가 되는 때를 나타낸다.
② 달이 A 위치에 있을 때는 음력 26일 경이다.
③ 달이 B 위치에 있을 때는 음력 22일 경이다.
④ 달이 A 위치에 있을 때 달의 모양은 상현달이다.
⑤ 달이 B 위치에 있을 때 달은 해가 진 직후 남쪽 하늘에서 관측할 수 있다.

22 다음 그림은 매일 해가 진 직후 같은 시각에 관측한 달의 위치와 모양 변화를 관찰한 것이다. 이에 대한 설명으로 옳은 것은?

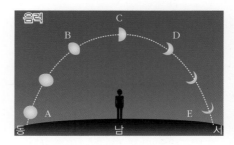

① 초저녁에 남중하는 달은 A이다.
② 관측 순서는 A → B → C → D → E 이다.
③ 달이 같은 위치에 나타나는 시각이 매일 50분씩 빨라진다.
④ 날짜가 지남에 따라 달의 위치는 점점 서쪽으로 이동한다.
⑤ 그림과 같이 달의 모양과 위치가 변하는 이유는 달이 지구 둘레를 공전하기 때문이다.

C

21 다음 그림은 동쪽 하늘에 떠 있는 달의 모습이다. 이 달과 관련된 설명으로 옳은 것은?

동

① 초승달이다.
② 자정 무렵에 질 것이다.
③ 초저녁 동쪽 하늘의 모습이다.
④ 음력 26일 경 관찰한 모습이다.
⑤ 삭에서 망으로 달의 위상이 변하는 중이다.

23 일식과 월식이 매월 삭과 망일 때마다 일어나지 않는 이유는 무엇일까?

① 달에 대기와 물이 없기 때문이다.
② 항성월과 삭망월이 차이가 나기 때문이다.
③ 황도와 백도가 약 5° 기울어져 있기 때문이다.
④ 달이 자전하는 동안 지구도 공전하기 때문이다.
⑤ 달의 자전 주기와 달의 공전 주기가 같기 때문이다.

[24~25] 다음 그림은 태양 – 달 – 지구의 위치(가)와 어느 지역에서 한 달 동안 관찰한 해수면의 높이 변화(나)를 나타낸 것이다. 물음에 답하시오.

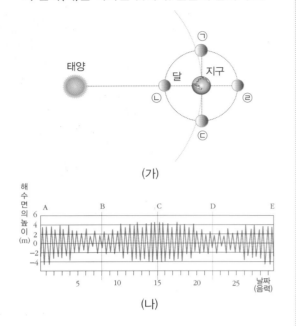

(가)

(나)

26 다음 사진은 매일 해가 진 직후 같은 시각에 관측한 달의 위상 변화를 나타낸 것이다. 이와 같이 달의 위상은 변하지만 늘 같은 쪽 표면 무늬만 관측되는 이유는 무엇일지 서술하시오.

27 항성월과 삭망월을 각각 설명하고 이들이 차이가 나는 이유를 서술하시오.

24 그림 (가)에서 달의 위치와 그림 (나)의 해수면 높이 변화가 바르게 짝지어진 것은? (2개)

	(가) 달의 위치	(나) 해수면의 높이 변화
①	㉠	E
②	㉡	D
③	㉢	B
④	㉣	C
⑤	㉠	A

28 다음 표는 서울 지역의 8월에 달이 뜨는 시간을 나타낸 것이다. 이와 같이 매일 달이 뜨는 시각이 변하는 이유를 서술하시오.

일	09일	10일	11일
시간	00:51	01:39	02:31

25 A ~ E 시기의 달의 모양을 바르게 짝지은 것은?

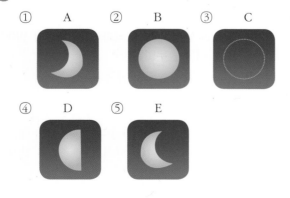

① A ② B ③ C

④ D ⑤ E

정답 및 해설 15쪽

29 다음 그림은 월식의 진행 과정을 나타낸 것이다. 그림과 같이 달의 왼쪽부터 가려지는 이유를 서술하시오.

31 달의 공전 주기와 자전 주기가 같기 때문에 우리는 지구에서 달의 한쪽 면만 관측할 수 있다. 만약 달의 공전 주기와 자전 주기가 다르다면 무엇이 달라질까?

30 달의 위상이 삭이나 망일 때 조차에 대하여 설명하고, 그 이유를 서술하시오.

32 만약 달의 크기가 지금의 두 배로 커지고 질량도 증가한다면 일식 및 월식과 조석은 어떻게 달라질지 서술해 보시오.

천동설에서 지동설로 패러다임 전환

1. 프톨레마이오스의 우주론

▲ 프톨레마이오스

고대 그리스의 천문학자이자 점성술사인 프톨레마이오스(85?~165? ; 톨레미)는 천동설의 완성자이다. 150년 경 천문학과 수학에 관한 저서를 출간하였지만, 유럽에서는 로마 제국의 멸망과 함께 유실되고 아랍에서 알마게스트(Almagest, 가장 위대한 책)라는 이름으로 아랍어로 번역되었고, 1175년 알마게스트의 아랍어 판이 라틴어로 번역되면서 절대적인 영향력을 지닌 천문학서가 된다. 프톨레마이오스는 5개 행성(수성, 금성, 화성, 목성, 토성)이 모두 공 모양이며, 지구를 중심으로 원 궤도를 그리며 돌고 있다는 〈그림1〉과 같은 천동설을 지지하였다. 프톨레마이오스의 천동설 모형은 행성들의 순행과 역행을 하는 불규칙한 겉보기 운동과 그에 따른 행성들의 밝기 변화를 설명할 수 있는 이론을 제시하였고, 이는 아리스토텔레스의 우주관과 중세 서양을 지배하고 있던 종교의 교리와도 부합하기 때문에 코페르니쿠스의 지동설이 등장하기 전까지 약 1500년 동안 확고한 서양의 우주관으로 자리잡았다.

〈그림 1〉 천동설

> 순행 : 행성이 지구상의 자전과 같은 방향으로 이동하는 것처럼 보이는 것
>
> 역행 : 행성이 지구상의 자전과 반대 방향으로 이동하는 것처럼 보이는 것

Q1 프톨레마이오스의 우주론에서 주장하는 것처럼 지구가 고정되어 있다면 우리나라에 나타날 수 있는 현상은 무엇일까?

2. 코페르니쿠스의 우주론

15세기가 되면서 활발한 항해 활동을 위한 정확한 달력이 필요하였다. 이때 천동설에 근거한 천체의 예상 위치와 실제로 관측되는 천체의 위치가 정확히 맞지 않아 여러 문제가 발생하였다. 이때에 코페르니쿠스(1473~1543)는 프톨레마이오스의 천동설을 완벽하게 이해하고 이 이론이 안고 있던 많은 문제점들을 해결하여, 〈그림 2〉와 같이 새로운 코페르니쿠스의 우주론인 지동설을 제시하였다. 코페르니쿠스의 지동설은 태양이 우주의 중심에 있고, 그 주위를 지구와 다른 행성들이 돈다는 것이다. 행성들의 역행과 내행성이 태양에서 <u>최대 이각</u> 이상으로 멀어지지 않는 것도 지동설로 아주 쉽게 설명할 수 있었다. 그러나 지구의 자전과 공전에 대한 증거를 밝히지 못함으로써 기존의 천동설을 믿고 있던 사람들을 설득하기는 힘들었다.

〈그림 2〉 지동설

최대 이각 : 내행성이 태양에서 가장 멀리 떨어져 있을 때 태양-지구-내행성이 이루는 각

▲ 코페르니쿠스

▲ 티코 브라헤

▲ 케플러

▲ 갈릴레이

3. 코페르니쿠스 이후 지동설이 성립되기까지

(1) 티코 브라헤

티코 브라헤(1546~1601)는 망원경이 발명되기 이전에 거대한 사분의를 이용하여 최고의 관측 기록을 남긴 천문학자이다. 그는 천동설과 지동설을 절충시킨 새로운 모형을 제시하였다. 우주의 중심에 지구가 있고, 지구 주변을 달과 태양이 돌며, 나머지 행성들은 태양 주변을 돌고 있다는 것이 티코 브라헤의 절충설 모형이다.

Q2 티코 브라헤와 프톨레마이오스가 주장한 우주관의 공통점은 무엇인가?

(2) 케플러

케플러(1571~1630)는 티코 브라헤의 제자로 들어가서 티코 브라헤가 16년 동안 관측한 화성의 자료를 분석하여 화성이 태양을 하나의 초점으로 하는 타원궤도를 가지며 공전한다는 것(타원궤도의 법칙)과 태양에 가까울수록 공전속도가 빨라진다는 것(면적속도 일정의 법칙)을 밝혔다. 또한 1619년에는 「우주의 조화」를 발간하여 행성의 궤도 반지름과 공전주기와의 관계(조화의 법칙)를 밝혔다. 케플러의 이러한 법칙들은 코페르니쿠스의 지동설을 수정, 발전시킨 것이다.

(3) 갈릴레이

갈릴레이(1564~1642)는 처음으로 망원경을 이용하여 천체를 관측하였다. 망원경 관측을 통해 달의 표면이 울퉁불퉁하고 수많은 산과 계곡이 있다는 것과 목성 둘레를 공전하는 4개의 위성과 토성의 고리를 발견하였다. 또한 금성을 관찰하여 금성의 모양이 마치 달과 같이 변한다는 것을 알았다. 〈그림 3〉은 궤도상의 위치와 금성의 모양을 나타낸다. 특히 보름달에 가까운 모양은 프톨레마이오스의 천동설로서는 전혀 설명할 수 없는 것이다. 이러한 관찰을 통해 그는 코페르니쿠스의 지동설에 대한 확신을 가졌다. 그는 지동설을 확립하려 하였으나 로마 교황청이 갈릴레이를 대상으로 종교 재판을 열었다. 갈릴레이는 자신의 이단 행위를 시인했고, 앞으로 이단 행위를 하지 않을 것을 서약한 후 복권되었다.

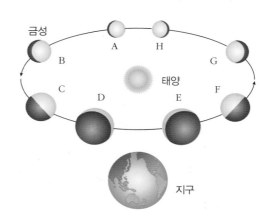

〈그림 3〉 금성의 위상 변화

금성은 크기와 모양이 같이 변한다.
- A와 H 위치에 금성이 위치할 때 : 보름달 모양, 크기는 가장 작게 보임
- D와 E 위치에 금성이 위치할 때 : 초승달, 그믐달 모양, 크기는 가장 크게 보임

Q3 프톨레마이오스의 천동설로 설명할 수 없는 것으로 갈릴레이가 망원경을 통해 발견한 것은 무엇인가?

4. 지구 공전의 증거

지동설이 확실히 증명된 것은 광행차와 연주 시차의 발견이라 볼 수 있다. 광행차는 1727년 영국의 천문학자 브래들리가 용자리 γ별의 시차를 측정하던 중 우연히 발견하였다. 우리가 빗속에서 우산을 쓰고 걸어갈 때 우산을 앞으로 숙이듯이, 지구에서 별을 볼 때 지구의 공전으로 인해 망원경을 약간 숙여야 한다. 〈그림 5〉를 보면, 지구는 v의 방향으로 움직이고 별빛은 c의 방향으로 들어온다고 할 때, 별은 마치 a의 방향에 있는 것으로 보인다. 이때 a와 c의 사이각인 θ가 광행차이다.

〈그림 4〉 광행차

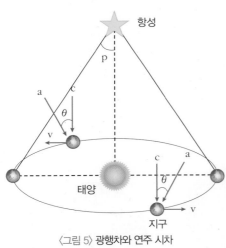
〈그림 5〉 광행차와 연주 시차

지구가 1년 동안 공전하면서 가까이 있는 별이 상대적으로 멀리 있는 별에 대해 움직이는 것으로 보이는데 그 움직인 각을 시차라고 하며 연주 시차는 6개월 동안 측정한 시차의 절반이다. 〈그림 5〉에서 연주 시차는 p이다. 연주시차 p는 별의 거리와 관계있다. 가까운 별은 연주 시차가 커지고, 멀리 있는 별은 연주 시차가 작아진다. 따라서 연주 시차를 이용하면 별까지의 거리를 알 수 있다. 연주 시차를 처음 측정한 사람은 베셀로 그는 1838년 백조자리 61번 별의 연주 시차를 0.294″로 측정하였다. 이렇게 작은 시차 값을 보면 티코 브라헤가 연주 시차를 측정하려 했으나 왜 실패했는지 짐작할 수 있다. 티코 브라헤 같이 뛰어난 관측자도 당시의 기구로서는 이렇게 작은 값을 측정할 수 없었던 것이다.

지동설은 코페르니쿠스에 의해 생명력을 얻었고 케플러와 갈릴레이에 의해 더욱 수정, 발전되었으며 광행차와 연주 시차가 측정됨으로써 증명된 것이다.

Q4 지구의 공전 현상에 의해 일어나는 광행차와 연주 시차 이외에 지구 공전에 의한 현상들을 서술하시오.

[탐구-1] 일식의 진행 과정

탐구 자료

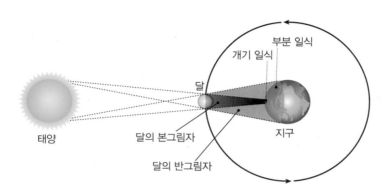

일식 : 태양 - 달 - 지구가 일직선 상으로 배열된 상태에서 달(삭)이 태양의 일부 또는 전부를 가리는 현상이다. 약 8분 정도 짧게 진행이 되며, 달의 반 그림자 속에서는 부분 일식을 관측할 수 있다.

탐구 과제

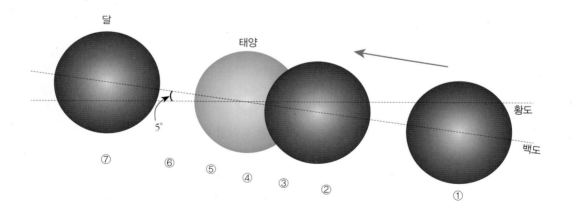

☼ 달의 중심 위치가 각 번호일 때 지구의 관측자 눈에 보이는 태양의 모습을 그려보시오.

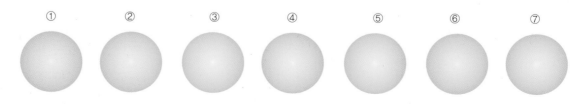

[탐구-2] 월식의 진행 과정

탐구 자료

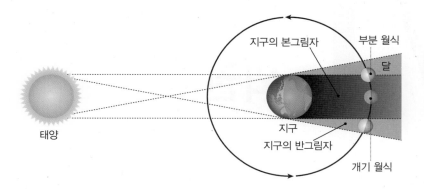

월식 : 태양 - 지구 - 달이 일직선 상으로 배열된 상태에서 지구의 그림자 속으로 달(망)이 들어가 가려지는 현상이다. 지속 시간은 최대 1시간 50분 정도이며, 밤에 달을 볼 수 있는 모든 지역에서 관측할 수 있다.

탐구 과제

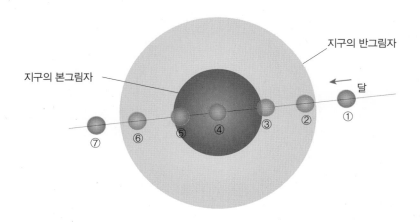

☐ 달이 각 번호 위치일 때 지구의 관측자 눈에 보이는 달의 모습을 그려보시오.

VI

외권

넓은 우주 속에는 지구와 같은 또 다른 행성이 존재할까?

19강. 태양계와 태양

1. 태양계   2. 행성의 분류   3. 행성의 특징   4. 태양

1. 태양계

(1) **태양계** : 태양을 비롯하여 태양 주위를 공전하는 천체와 이들이 차지하는 공간

(2) **태양계의 구성**

태양		태양계에서 유일하게 스스로 빛을 내는 항성
행성		지구를 비롯하여 태양의 둘레를 타원 궤도로 공전하는 8 개의 천체 → 수성 , 금성 , 지구 , 화성 , 목성 , 토성 , 천왕성 , 해왕성
그 밖 의 천 체 들	위성	행성의 주위를 도는 천체 수성과 금성은 위성이 없고 , 나머지 행성들은 위성이 있다 .
	왜소행성	모습은 행성과 같은 구형이지만 주변의 다른 천체를 끌어당길 정도의 중력을 갖지 못한 천체 → (구) 명왕성 , 세레스 , 에리스
	소행성	화성과 목성의 궤도 사이에 모여 띠를 이루어 태양 주위를 공전하고 있는 모양이 불규칙한 천체
	유성	혜성 , 소행성에서 떨어져 나온 티끌이나 태양계를 떠돌던 먼지 등이 지구 중력에 이끌려 대기 안으로 들어오면서 대기와의 마찰에 의해 타면서 빛을 내는 천체 . 다 타지 않고 지표로 떨어지면 운석이라고 한다 .
	혜성	눈 , 얼음 , 먼지로 이루어진 지름 수 km 정도의 작은 혼합체로 태양에 가까워지면 꼬리가 생기는 천체

개념확인 1

다음 빈칸에 알맞을 말을 쓰시오.

> 태양을 비롯하여 태양 주위를 (   )하는 천체들과 이들이 차지하는 공간을
> (   )라고 한다.

확인 +1

다음 중 태양계에서 유일하게 스스로 빛을 내는 천체는?

① 행성   ② 지구   ③ 달
④ 태양   ⑤ 혜성

(왼쪽 여백)

● **태양계의 크기**

태양계의 가장 바깥쪽에 있는 행성인 해왕성까지의 거리가 태양과 지구 사이 거리(약 1억 5천만 km)의 약 31배인 46억km이기 때문에 실제 태양계의 크기는 그보다 더 클 것으로 추정하고 있다.

● **AU(천문 단위)**

태양계 천체들 사이의 거리 단위
· 1AU는 지구에서 태양까지의 거리로 약 1.5×10^8(1억 5000만)km이다.

● **왜소행성(Ceres)**

● **소행성대(Asteroid Belt)**

소행성이 모여서 이루고 있는 띠를 말한다.

● **혜성(Comets)**

● **유성우**

한꺼번에 많은 유성이 비처럼 무더기로 쏟아지는 것

2. 행성의 분류

(1) 내행성과 외행성 : 지구의 공전 궤도를 기준으로 어느 쪽에서 공전하는지에 따라 구분

구분 특성	내행성	외행성
행성	수성, 금성	화성, 목성, 토성, 천왕성, 해왕성
특징	지구 공전 궤도 안쪽에서 태양 주위를 공전하는 행성	지구 공전 궤도 바깥쪽에서 태양 주위를 공전하는 행성
관측 시기	하루 중 관측 가능 시간이 짧다. [초저녁 (서쪽 하늘), 새벽 (동쪽 하늘) 에만 관측이 가능]	한밤중에 남쪽하늘에서 밝게 빛나며, 내행성과 달리 초저녁부터 새벽까지 관측이 가능

(2) 지구형 행성과 목성형 행성 : 행성들의 물리적 특성에 따라 구분

구분 특성	지구형 행성				목성형 행성			
행성	수성	금성	지구	화성	목성	토성	천왕성	해왕성
크기	작다				크다			
질량	작다				크다			
평균 밀도	크다				작다			
구성 물질	딱딱한 암석				수소나 헬륨 등의 기체			
대기	대기가 없거나 질소, 산소, 이산화 탄소와 같은 무거운 성분의 대기				수소, 헬륨 등과 같은 가벼운 성분의 대기			
자전 주기	1 일 이상으로 길다				1 일 미만으로 짧다			
위성 수	적거나 없다				많다			
고리	없다				있다			

정답 및 해설 18쪽

개념확인 2

지구형 행성과 목성형 행성을 바르게 연결하시오.

(1) 지구형 행성 •   • ㉠ 목성, 토성, 천왕성, 해왕성

(2) 목성형 행성 •   • ㉡ 수성, 금성, 지구, 화성

확인 +2

다음 중 지구의 공전 궤도 안쪽에서 태양 주위를 공전하는 행성은?

① 화성   ② 목성   ③ 금성
④ 천왕성   ⑤ 해왕성

● 내행성과 외행성의 관측 시간

● 지구형 행성의 내부 구조
금속으로 된 핵을 암석이 싸고 있는 구조로 되어 있다.

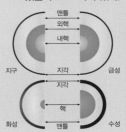

● 목성형 행성의 내부 구조
암석과 금속으로 이루어진 핵을 가벼운 물질이 싸고 있는 구조로 되어 있다.

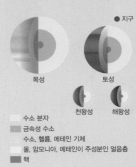

수소 분자
금속성 수소
수소, 헬륨, 메테인 기체
물, 암모니아, 메테인이 주성분인 얼음층
핵

3. 행성의 특징

행성		특징
지구형 행성	수성	· 태양계에서 가장 작은 행성 (달보다 약간 큼) · 대기가 거의 존재하지 않아 일교차가 매우 큼 · 달과 비슷한 지형을 보임 [운석 구덩이 (크레이터) 가 많음]
	금성	· 지구에서 가장 밝게 보이는 행성 · 대기의 96.5% 가 이산화 탄소로 이루어져 있기 때문에 온실 효과로 인하여 표면 온도 (약 470℃) 가 매우 높음 · 약 90 기압의 높은 표면 기압
	지구	· 물과 대기가 있어서 생명체가 존재하는 유일한 행성 · 표면에 물이 많아 (약 70% 가 바다) 우주에서 푸르게 보임 · 위성 (달) 이 1 개 있음
	화성	· 지름은 지구의 절반 , 질량은 지구의 1/10 정도 · 대기는 이산화 탄소로 이루어져 있으나 매우 희박함 · 표면은 산화철 성분의 암석과 흙으로 되어 있어 붉게 보임 · 2 개의 위성이 있음 (포보스와 데이모스)
목성형 행성	목성	· 지름이 지구의 11 배 정도이며 , 태양계에서 가장 큰 행성 · 표면에는 대류 현상과 매우 빠른 자전으로 적도와 나란한 줄무늬가 나타나고 대기의 소용돌이인 대적반 (붉은 점) 이 나타남 · 갈릴레이 위성 외에 64 개 이상의 위성이 있음
	토성	· 태양계 행성 중 2 번째로 큰 행성으로 물보다 밀도가 작음 · 암석과 얼음 조각으로 이루어진 뚜렷한 고리가 있음 · 62 개 이상의 수많은 위성이 있는데 그 중 가장 큰 위성인 타이탄은 대기가 존재함
	천왕성	· 대기 중에 있는 메테인 가스가 태양빛 중 적색을 흡수하여 행성이 청록색으로 보이며 희미한 고리가 있음 · 자전축이 공전면과 거의 나란함 · 27 개 이상의 수많은 위성이 있음
	해왕성	· 파란색으로 보이며 , 크기는 천왕성과 비슷함 · 표면에 대기로 인한 소용돌이로 생긴 대흑점 (검은점) 이 나타나기도 함 · 13 개 이상의 위성과 희미한 고리가 있음

 다음과 같은 특징을 가지고 있는 행성은?

> 지구에서 가장 밝게 보이는 행성으로, 짙은 이산화 탄소 대기층으로 인하여 온실 효과가 매우 커서 표면 온도가 약 470℃ 에 이른다.

(   )

확인 +3 다음 중 위성을 가지고 있지 <u>않은</u> 행성은?

① 수성   ② 지구   ③ 목성
④ 천왕성   ⑤ 해왕성

4. 태양

(1) 태양

반지름	질량	표면 온도	평균 밀도	구성 물질	자전 방향
약 70 만 km 지구의 109 배	약 2×10^{30}Kg 지구의 33 만 배	약 6000℃	약 1.4g/cm³ 물보다 약간 큼	수소 , 헬륨	서 → 동

(2) 태양의 표면(광구) : 눈에 보이는 태양의 둥근 표면에 쌀알무늬와 흑점이 나타난다.

쌀알 무늬		흑점	
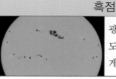	광구 밑에서 일어나는 대류에 의해 나타나는 작고 밝은 쌀알모양의 무늬		광구에서 주위보다 온도가 낮아 (4000℃) 검게 보이는 부분

(3) 태양의 대기 : 광구가 매우 밝아 평소에는 보기 어려우나, 개기 일식 때 볼 수 있다.

대기		현상	
채층	코로나	홍염	플레어
광구 바로 위 두께가 약 10,000km 가 되는 붉은 색을 띤 얇은 대기층	채층 바깥쪽에 나타나는 온도가 100 만 ℃ 이상인 대기층 (청백색 가스)	채층에서 코로나 속으로 수십만 km 까지 솟아 오르는 고온의 가스 불기둥	흑점 부근의 급격한 폭발 현상으로 많은 양의 에너지가 방출되는 현상

(4) 태양 활동의 영향

① 태양의 활동이 활발할 때 태양에서 나타나는 변화 : 태양 표면에 흑점수가 많아지고, 코로나의 크기가 커지며, 홍염과 플레어가 자주 발생하여 태양풍이 더욱 강해진다.

② 태양의 활동이 활발할 때 지구에서 나타나는 현상들

자기 폭풍	델린저 현상	오로라	기타
지구 자기장의 급격한 변화	전리층이 교란되어 장거리 무선 통신이 끊어지는 현상	태양풍 입자들 중 일부가 지구 대기와 부딪히면서 밝은 빛을 내는 현상	· 송전 시설 고장으로 인한 대규모 정전 사태 · 인공위성이나 휴대폰 같은 전자 제품의 오작동

정답 및 해설 18쪽

 개념확인 4 태양의 대기에 대한 설명을 바르게 짝지으시오.

(1) 채층　•

(2) 코로나　•

•　㉠ 온도가 100만 ℃ 이상인 청백색 가스로 된 대기층

•　㉡ 두께가 약10,000km가 되는 붉은 색을 띤 얇은 대기층

 확인 +4 태양계 전체 질량의 약 99.8% 를 차지하는 천체는?

(　　　　　)

● 태양의 질량

태양계 전체 질량의 약 99.8%를 차지한다.

● 태양우주환경 연구그룹

http://sos.kasi.re.kr/
태양 활동이나 우주 환경에 대한 정보를 실시간으로 확인할 수 있다.

● 쌀알 무늬에서의 대류

밝은 부분은 고온의 뜨거운 기체가 상승하는 부분이고, 어두운 부분은 냉각된 기체가 하강하는 곳이다.

쌀알 무늬

하강 기체　　　상승 기체

● 흑점의 이동

지구에서 볼 때 : 동 →서
(태양이 서 → 동으로 자전)

동　서 → 동　서

· 저위도에서 고위도로 갈수록 느려진다.

● 태양의 대기

▲ 채층　　▲ 코로나

▲ 홍염　　▲ 플레어

● 오로라

01 태양계를 구성하는 천체 중에서 행성 주위를 도는 천체는 무엇인가?

① 금성   ② 위성   ③ 소행성
④ 지구   ⑤ 왜소행성

02 다음 〈보기〉에서 설명하는 천체는 무엇인가?

〈 보기 〉

· 모습은 행성과 같은 구형이지만 주변의 다른 천체를 끌어당길 정도의 중력을 갖지 못한 천체를 말한다.
· 구 명왕성과 에리스 등이 있다.

① 태양   ② 행성   ③ 위성
④ 유성   ⑤ 왜소행성

03 다음 중 내행성과 외행성에 대한 설명으로 옳지 않은 것은?

① 수성, 금성은 내행성이다.
② 화성, 목성, 토성은 외행성이다.
③ 외행성은 한밤중에 남쪽하늘에서 밝게 빛난다.
④ 내행성은 초저녁부터 새벽까지 계속 관측이 가능하다.
⑤ 지구의 공전 궤도를 기준으로 어느 쪽에서 공전하는지에 따라 구분한다.

정답 및 해설 **18쪽**

04 다음 표는 지구형 행성과 목성형 행성의 물리적 특성을 나타낸 것이다. 각 특성을 바르게 나타낸 것은?

구분 특성	지구형 행성	목성형 행성
크기	(가)	(나)
질량	(다)	(라)
평균 밀도	(마)	(바)
위성 수	(사)	(아)
고리	(자)	(차)

① (가) 크다   ② (라) 작다   ③ (마) 크다
④ (사) 많다   ⑤ (자) 있다

05 다음 중 태양계에서 가장 큰 행성은?

① 수성   ② 금성   ③ 지구
④ 화성   ⑤ 목성

06 다음 중 태양에 대한 설명으로 옳지 <u>않은</u> 것은?

① 태양은 동쪽에서 서쪽으로 자전한다.
② 태양의 표면에서 흑점을 관찰할 수 있다.
③ 태양계 전체 질량의 약 99.8%를 차지한다.
④ 태양의 활동이 활발할 때 코로나의 크기가 커진다.
⑤ 태양의 활동이 활발할 때 태양풍 입자들 중 일부가 지구 대기와 부딪히면서 밝은 빛을 내는 현상이 일어난다.

[유형19-1] 태양계

다음 그림은 태양계를 나타낸 것이다. 이에 대한 설명으로 옳은 것은?

① 태양계를 구성하는 모든 천체들은 위성을 갖는다.
② 태양계를 구성하는 모든 천체들은 둥근 모양이다.
③ 태양계는 행성들과 이들이 차지하는 공간을 말한다.
④ 지구는 태양의 둘레를 타원 궤도로 공전하는 행성이다.
⑤ 화성과 목성의 궤도 사이에 모여 띠를 이루고 있는 모양이 불규칙한 천체를 왜소행성이라고 한다.

01 다음은 태양계를 구성하는 천체들 중 하나에 대한 설명이다. 이 천체는 무엇인가?

> 눈, 얼음, 먼지로 이루어진 지름 수 km 정도의 작은 혼합체로 태양에 가까워지면 꼬리가 생기는 천체

① 위성   ② 왜소 행성
③ 혜성   ④ 소행성
⑤ 유성

02 다음 〈보기〉 중 행성을 모두 고른 것은?

> ────〈 보기 〉────
> ㄱ. 지구   ㄴ. 달   ㄷ. 수성
> ㄹ. 혜성   ㅁ. 유성   ㅂ. 명왕성

① ㄱ, ㄴ   ② ㄱ, ㄷ
③ ㄱ, ㄴ, ㅁ   ④ ㄴ, ㄷ, ㅂ
⑤ ㄱ, ㄷ, ㅁ, ㅂ

정답 및 해설 **19**쪽

[유형19-2] 행성의 분류

다음 그림은 행성들을 물리적 특성에 따라 구분한 것이다. 이에 대한 설명으로 옳지 <u>않은</u> 것은?

① ㉠은 지구형 행성이다.
② ㉡은 목성형 행성이다.
③ ㉠은 자전 주기가 1일 미만으로 짧다.
④ ㉡의 대기는 수소, 헬륨 등과 같은 가벼운 성분으로 되어 있다.
⑤ ㉠은 수성, 금성, 지구, 화성이고, ㄴ은 목성, 토성, 천왕성, 해왕성이다.

03 다음 〈보기〉는 태양 둘레를 공전하는 천체들이다. 지구의 공전 궤도를 기준으로 행성을 구분할 때 바르게 짝지어진 것은?

┌─────── 〈 보기 〉 ───────┐
  ㄱ. 수성   ㄴ. 화성   ㄷ. 목성
  ㄹ. 금성   ㅁ. 천왕성
  ㅂ. 토성   ㅅ. 해왕성
└────────────────────────┘

① 내행성 - ㄱ, ㄴ
② 내행성 - ㄱ, ㄹ
③ 내행성 - ㄱ, ㄹ, ㄴ
④ 외행성 - ㄷ, ㄹ, ㅁ, ㅅ
⑤ 외행성 - ㄹ, ㅁ, ㅂ, ㅅ

04 다음 그래프는 태양계의 행성들을 크기와 질량에 따라 분류한 것이다. A로 분류되는 행성으로 바르게 짝지어진 것은?

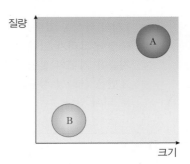

① 수성, 금성   ② 수성, 화성
③ 지구, 화성   ④ 목성, 토성
⑤ 지구, 금성

[유형19-3] 행성의 특징

다음 중 천체 표면에 대기로 인한 소용돌이로 생긴 대흑점이 나타나는 행성은?

①

②

③

④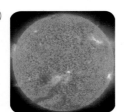

⑤

---

05 다음 〈보기〉에서 화성에 대한 설명을 모두 고른 것은?

─── 〈 보기 〉 ───

ㄱ. 1개의 위성이 있다.
ㄴ. 뚜렷한 고리가 있다.
ㄷ. 지름은 지구의 절반이다.
ㄹ. 표면은 산화철 성분의 암석과 흙으로 되어 있다.

① ㄱ, ㄴ ② ㄴ, ㄷ ③ ㄷ, ㄹ
④ ㄱ, ㄷ ⑤ ㄴ, ㄹ

06 다음은 태양계를 구성하는 천체들 중 하나에 대한 설명이다. 이 천체는 무엇인가?

자전축이 공전면과 거의 나란하여 양극 지역은 공전 주기의 절반인 42년 마다 여름과 겨울이 바뀐다.

① 수성   ② 화성   ③ 목성
④ 천왕성   ⑤ 해왕성

정답 및 해설 **19쪽**

[유형19-4] 태양

다음 그림은 태양의 표면이다. 이에 대한 설명으로 옳은 것은?

① A는 흑점이다.
② B는 쌀알 무늬이다.
③ B는 지구에서 볼 때 항상 제자리에 있다.
④ 평소에는 보기 어려우나, 개기 일식 때 볼 수 있다.
⑤ A는 광구 밑에서 일어나는 대류에 의해 나타나는 무늬이다.

07 다음 그림은 태양풍 입자들 중 일부가 지구 대기와 부딪히면서 밝은 빛을 내는 현상인 오로라이다. 이러한 현상이 일어날 때 태양에서 일어나는 활동이 <u>아닌</u> 것은?

① 태양풍이 강해진다.
② 홍염이 자주 발생한다.
③ 플레어가 일어나지 않는다.
④ 태양 표면에 흑점수가 많아진다.
⑤ 태양 대기의 코로나의 크기가 커진다.

08 태양에 대한 설명으로 옳지 <u>않은</u> 것은?

① 지구 질량의 33만배이다.
② 평균 밀도는 물보다 작다.
③ 서쪽에서 동쪽으로 자전한다.
④ 표면 온도는 6000℃ 에 달한다.
⑤ 태양계 전체 질량의 대부분을 차지한다.

01 실제 존재하지 않는 행성 A와 B는 지구와 비교하여 다음과 같은 특성을 가지고 있다. A, B 행성과 지구를 비교하여 다음 물음에 답하시오.

행성	특성
A	1. 크기는 지구와 동일하지만 질량이 조금 더 크다. 2. 내부 구성 물질은 균질하다. 3. 바다는 없지만, 지표에 약간의 물이 있다. 4. 대기의 밀도는 지구의 70배이다. 5. 공전궤도와 공전주기, 자전 속도는 지구와 비슷하다.
B	1. 총 질량은 지구와 같으나, 반지름이 지구의 2배이다. 2. 내부 구성 물질은 균질하다. 3. 물이 존재하지 않는다. 4. 대기가 없다. 5. 공전궤도와 공전주기, 자전 속도는 지구와 비슷하다.

(1) 지표면에 운석이 충돌하여 생긴 구덩이가 가장 오랫동안 보존될 가능이 큰 행성을 쓰고, 그렇게 생각하는 이유를 서술하시오.

(2) 두 행성의 표면에서 야구공을 던졌을 때 더 멀리 날아가는 행성을 쓰고, 그렇게 생각하는 이유를 서술하시오.

02 다음 〈표1〉은 태양계 행성을 물리적 특성에 따라 지구형 행성과 목성형 행성으로 나눈 것이고, 〈표2〉는 명왕성의 물리적 특성을 나타낸 것이다.

		적도 반지름 (지구 =1)	질량 (지구 =1)	밀도 (지구 =1)	태양과의 거리 (지구 =1)	공전 주기	자전 주기 (지구 =1)	고리 유무	위성 수
		km	kg	g/cm^3			시간		
지구형 행성	수성	0.38	0.06	1.0	0.4	87.97 일	59	X	0
		2,439.70	3.3022×10^{23}	5.43			59 일 16 시간		
	금성	0.95	0.82	1.0	0.7	224.70 일	243	X	0
		6,051.80	4.8690×10^{24}	5.24			243 일		
	지구	1.00	1.00	1.0	1.0	365.26 일	1.0	X	1
		6,378.14	5.9742×10^{24}	5.51			23 시간 56 분		
	화성	0.53	0.11	0.7	1.5	686.96 일	1.0	X	2
		3,396.20	6.4191×10^{23}	3.93			24 시간 37 분		
목성형 행성	목성	11.21	317.83	0.2	5.2	11.86 년	0.4	O	64
		71,492	1.8988×10^{27}	1.33			9 시간 55 분		
	토성	9.45	95.16	0.1	9.5	29.45 년	0.4	O	62
		60,268	5.6852×10^{26}	0.69			10 시간 39 분		
	천왕성	4.01	14.54	0.2	19.5	84.07 년	0.7	O	27
		25,559	8.6840×10^{25}	1.27			17 시간 14 분		
	해왕성	3.88	17.15	0.3	30.1	164.88 년	0.7	O	13
		24,764	1.0245×10^{26}	1.64			16 시간 6 분		

〈표 1〉 태양계 행성들의 물리적 특성

	적도 반지름 (지구 =1)	질량 (지구 =1)	밀도 (지구 =1)	지구와의 거리 (km)	공전 주기	자전 주기 (지구 =1)	고리 유무	위성 수	표면 온도
	km	kg	g/cm^3			시간			
명왕성	0.19	0.02	0.3	5.9×10^{10}	247.74 년	6	X	3	−230℃
	1,195	1.3×10^{22}	1.8			6 일 9 시간			

〈출처 : 천문우주지식정보〉

〈표 2〉 명왕성의 물리적 특성

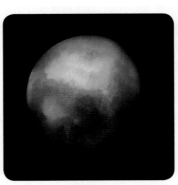

▲ 명왕성(Pluto)

명왕성은 행성으로 지정된지 76년 만에 행성에서 제외가 되어 왜소행성으로 분류되었다. 만약 행성에서 제외가 되지 않았다면 명왕성은 지구형 행성일까, 목성형 행성일까? 위의 〈표1〉과 〈표2〉를 참고로 하여 그 이유를 서술하시오.

03 금성의 자전 방향은 다른 행성들과 정반대이다. 천구의 북극에서 금성을 봤을 때 시계 방향인 동에서 서로 자전하는 것이다. 또한 금성의 자전축은 공전궤도 면에서 약 177° 기울여져 있다. 여기서 자전축이란 천체가 자전하는데 중심이 되는 축으로 자전축의 기울기는 각 행성의 공전 궤도면(황도면)에서 수직된 축에 대해 시계방향으로 기울어진 정도를 말하는 것이다.

▲ 금성　　　　▲ 지구

자전 방향과 자전축의 기울기의 차이에 따른 지구와 금성의 차이점을 각각 서술하시오.

04 2012년 네덜란드 한 청년이 '마스원'이라고 이름붙여진 화성 편도 여행 지원자를 모집하였다. 편도 여행임에도 불구하고 전세계 20만 명이 넘는 사람들이 참가 의사를 밝혔다. 2018년부터 단계적으로 무인 탐사선을 보낸 후 2024년 4명을 태운 우주선을 발사하여 2년 마다 4명씩을 화성으로 보내는 마스원 프로젝트가 원활하게 진행된다면 2035년에는 화성 거주자가 20명에 이르게 될 것이라고 한다.

2035년쯤 화성에 유인 탐사선을 착륙시킨다는 계획을 위한 유럽 우주국과 러시아의 '마스500' 프로젝트뿐만 아니라 미항공우주국(NASA)과 미국 국방부의 고등연구계획국도 새로운 유인 화성 탐사 계획인 '백년 우주선(100 Year Starship)'이란 연구를 시작하였다.

기술이 발달되면서 화성에서 빙산의 증거와 유기물이 발견되면서 화성에 생명체가 살 수도 있다는 가능성도 늘고 있다.

그렇다면 인류가 지구가 아닌 다른 행성에 거주하기 위한 프로젝트를 진행하고 있는데 그 프로젝트의 일환으로 화성을 선택한 이유에 대하여 서술하시오.

▲ 화성에서 식물을 기르기 위한 로봇 디자인

정답 및 해설 20쪽

05 2014년 3월 진주지역에 떨어진 운석 발견을 계기로 희소한 우주 연구자산인 운석을 국가 차원에서 체계적으로 관리할 수 있는 시스템의 구축 필요성이 대두됨에 따라 국가에서 운영하는 '운석 신고 센터'가 생겼다. 운석의 희소성에 따라 높은 가격으로 거래가 이뤄지기 때문에 많은 사람들이 운석 수집에 관심을 많이 가지게 된 것이다.

운석이란 우주 공간으로 부터 지표로 떨어진 암석이다. 눈으로 보면 작은 돌덩어리처럼 생긴 운석이 국가 차원에서 관리할 정도의 귀중한 연구 자산이 된 이유는 무엇일까? 운석을 통해 알 수 있는 정보와 함께 서술하시오.

A

01 다음 빈칸에 알맞은 말을 쓰시오.

> 태양계를 떠돌던 먼지 등이 지구 중력에 이끌려 대기 안으로 들어오면서 대기와의 마찰에 의해 타면서 빛을 내는 것을 ( )이라고 하고, 다 타지 않고 지표로 떨어진 것을 ( )이라고 한다.

02 다음 중 태양계에 대한 설명으로 옳은 것은?

① 태양계에는 항성이 없다.
② 달은 태양계를 구성하는 천체가 아니다.
③ 태양계를 구성하는 모든 천체들은 위성이 있다.
④ 지구는 태양계를 구성하는 천체들 중 행성에 속한다.
⑤ 태양을 제외한 태양 주위를 공전하는 천체들을 태양계라고 한다.

03 지구의 공전 궤도 안쪽에서 태양 주위를 공전하는 행성들에 대한 설명으로 옳은 것은 O표, 옳지 않은 것은 X표 하시오.

(1) 내행성이라고 한다. ( )
(2) 하루 중 관측 시간이 짧다. ( )
(3) 한밤중에 남쪽 하늘에서 밝게 빛난다. ( )

04 다음 설명 중 지구형 행성에 대한 설명에는 '지', 목성형 행성에 대한 설명에는 '목'을 쓰시오.

(1) 자전 주기가 1일 이상으로 길다. ( )
(2) 수소나 헬륨 등과 같은 가벼운 성분의 대기가 있다. ( )
(3) 고리가 있다. ( )

[05~07] 다음 〈보기〉는 태양계의 행성들이다. 물음에 답하시오.

〈 보기 〉

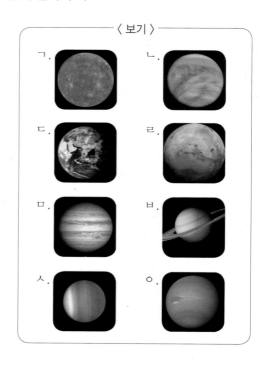

ㄱ. ㄴ. ㄷ. ㄹ. ㅁ. ㅂ. ㅅ. ㅇ.

05 태양계에서 가장 작은 행성은?

( )

06 생명체가 존재하는 유일한 행성은?

( )

07 암석과 얼음 조각으로 이루어진 뚜렷한 고리가 있는 행성은?

( )

정답 및 해설 **21**쪽

08 다음 그림은 태양의 표면 모습을 나타낸 것이다. 각 기호의 명칭을 쓰시오.

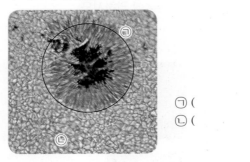

⊙ ( )
ⓛ ( )

09 다음 빈칸에 알맞은 말을 쓰시오.

태양은 태양계 전체 질량의 약 99.8%를 차지하고 있다. 태양의 주요 구성 물질은 ( ), ( ) 으로 되어 있으며 ( )쪽에서 ( )쪽으로 자전을 한다.

10 다음 빈칸에 알맞은 말을 쓰시오.

태양의 표면에 있는 흑점은 지구에서 볼 때 ( ) 쪽에서 ( )쪽으로 이동하는 것처럼 보인다.

B

11 다음 빈칸에 알맞은 말을 쓰시오.

소행성은 ( )과 ( )의 궤도 사이에 모여 띠를 이루어 태양 주위를 공전하고 있는 모양이 불규칙한 천체이다.

12 태양계 천체들 사이의 거리 단위를 쓰시오.

( )

[13~14] 다음 그림은 태양계를 나타낸 것이다. 물음에 답하시오.

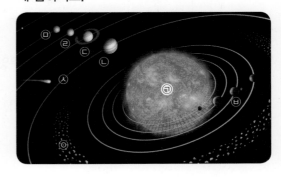

13 각 기호와 천체의 명칭이 바르게 짝지어진 것은?

① ⓛ - 수성 ② ⓔ - 해왕성
③ ⓗ - 화성 ④ ⓢ - 왜소행성
⑤ ⓞ - 소행성

14 각 기호와 천체의 성질이 바르게 짝지어지지 **않**은 것은?

① ⊙은 태양계에서 가장 많은 질량을 차지한다.
② ⓒ은 태양의 둘레를 타원으로 공전하는 행성이다.
③ ⓜ은 목성형 행성이다.
④ ⓗ은 스스로 빛을 내는 항성이다.
⑤ ⓢ은 태양에 가까워지면 꼬리가 생기는 천체이다.

15 다음 빈칸에 알맞은 말을 쓰시오.

내행성은 초저녁에 ( )쪽 하늘에서, 새벽에 ( ) 쪽 하늘에서만 관측이 가능하다.

[16~17] 다음 그림은 물리적 특성에 따라 행성을 구분한 것이다. 물음에 답하시오.

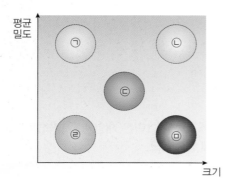

16 다음 중 지구형 행성에 해당하는 기호는 무엇인가?

① ㉠   ② ㉡   ③ ㉢   ④ ㉣   ⑤ ㉤

17 다음 중 목성형 행성에 해당하는 기호와 목성형 행성이 바르게 짝지어진 것은?

① ㉠ - 수성   ② ㉡ - 금성
③ ㉢ - 지구   ④ ㉣ - 화성
⑤ ㉤ - 목성

18 다음 그림은 어떤 행성의 표면에서 관측한 모습과 그에 대한 설명이다. 어떤 행성인가?

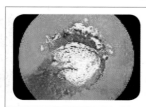

양 극에 얼음과 드라이아이스로 된 극관이 존재하며 계절에 따라 크기가 달라진다.

① 수성   ② 금성   ③ 화성
④ 목성   ⑤ 토성

[19~20] 다음 〈보기〉는 태양에서 관찰할 수 있는 모습들이다. 물음에 답하시오.

〈 보기 〉

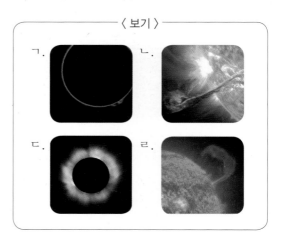

19 각각의 명칭이 바르게 짝지어진 것은?

	ㄱ	ㄴ	ㄷ	ㄹ
①	코로나	채층	홍염	플레어
②	홍염	코로나	플레어	채층
③	플레어	홍염	채층	코로나
④	채층	플레어	코로나	홍염
⑤	채층	홍염	코로나	플레어

20 ㄷ의 크기가 커질 때 일어나는 현상이 <u>아닌</u> 것은?

① 태양풍이 더욱 강해진다.
② 홍염과 플레어가 자주 발생한다.
③ 지구에서 델린저 현상이 일어난다.
④ 태양 표면에 흑점의 이동이 빨라진다.
⑤ 지구에서 인공 위성이나 휴대폰 같은 전자 제품의 오작동이 일어나기도 한다.

[21~22] 다음 표는 태양계 행성들의 물리적 특성을 나타낸 것이다.

	A	B	지구	C	D	E
반지름	0.38	0.53	1	11.2	4.0	0.95
질량	0.06	0.1	1	318	14.5	0.8
밀도	5.4	3.9	5.5	1.3	1.3	5.2
위성 수	0	2	1	64	27	0
고리	X	X	X	O	O	X

21 행성들을 두 집단으로 가장 적절하게 분류한 것은?

	집단 A	집단 B
①	A, B	지구 , C, D, E
②	A, B, 지구	C, D, E
③	A, B, 지구, C	D, E
④	A, B, 지구, E	C, D
⑤	A, B, 지구, C, D	E

22 다음 중 표에 대한 설명으로 옳은 것은?

① A, B, E는 내행성이다.
② B는 E보다 태양과 가깝다.
③ C는 하루 중 관측 시간이 짧다.
④ D는 초저녁부터 새벽까지 관측이 가능하다.
⑤ E는 자전 주기가 1일 미만으로 짧다.

23 행성의 특징에 대한 설명으로 옳은 것은?

① 목성은 달과 비슷한 지형을 보인다.
② 행성 중 수성과 금성만 위성이 없다.
③ 토성은 자전축이 공전면과 거의 나란하다.
④ 태양계 행성 중 2번째로 큰 행성은 목성이다.
⑤ 금성의 대기는 이산화 탄소로 이루어져 있으나 매우 희박하다.

24 태양의 광구에 대한 설명으로 옳은 것은?

① 태양의 광구란 태양의 대기를 말한다.
② 흑점은 저위도에서 고위도로 갈수록 느려진다.
③ 태양의 광구에서 언제든지 플레어 현상을 관찰할 수 있다.
④ 광구에서 주위보다 온도가 높아 검게 보이는 부분을 흑점이라고 한다.
⑤ 광구 밑에서 일어나는 확산 현상에 의해 쌀알 모양의 무늬가 나타난다.

25 다음 그림은 태양의 표면에서 일어나는 현상이다. 밝은 부분은 고온의 뜨거운 기체가 상승하는 부분이고, 어두운 부분은 냉각된 기체가 하강하는 곳이다. 이때 관찰할 수 있는 것은 무엇인가?

하강 기체   상승 기체

① 흑점　　　　② 채층　　　　③ 홍염
④ 코로나　　　⑤ 쌀알 무늬

26 수성은 태양과의 평균 거리가 약 5,800만 km, 금성은 약 1억 800만 km 떨어져 있다. 수성이 태양과의 거리가 더 가깝지만 표면 온도는 금성이 더 높다. 그 이유를 서술하시오.

28 그림은 천왕성의 모습이다. 그림과 같이 천왕성이 청록색으로 보이는 이유를 지구가 푸르게 보이는 이유와 비교하여 서술하시오.

27 다음 그림은 외행성의 공전 궤도를 나타낸 것이다. 이를 이용하여 외행성을 관측할 수 있는 시간에 대하여 서술하시오.

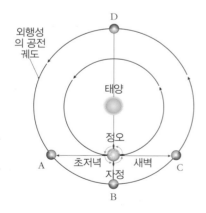

29 다음 그림은 태양계의 두 행성이다. 각 행성의 이름과 기호가 가리키는 흔적의 명칭을 쓰고, 그것이 나타난 공통된 이유를 서술하시오.

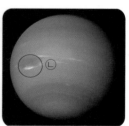

30 다음은 8일 동안 태양의 흑점을 관찰한 것이다. 이를 통해 알 수 있는 사실을 모두 서술하시오. 단, 표시된 동쪽과 서쪽의 방향은 지구의 관측자 기준이다.

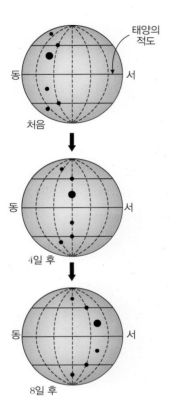

31 다음 〈표〉는 태양계 행성들의 물리량인 태양으로부터의 거리, 질량, 밀도를 나타낸 것이다.

행성 물리량	A	B	C	D	E
궤도 반지름	0.39	0.72	1.00	5.5	9.54
질량 (지구=1)	0.06	0.82	1.00	318	95
밀도 (g/cm³)	5.4	5.2	5.5	1.4	0.7
대기 주요 성분	없음	CO_2, N_2	N_2, O_2	H_2, O_2	H_2, He

물리량에 따라 행성을 구분하고, 각 행성의 특징을 설명하시오.

32 다음 〈보기〉와 같은 특성을 가지고 있는 가상의 행성을 지구와 비교했을 때, 이 행성의 밀도에 대해서 서술하시오.

〈 보기 〉
· 총 질량은 지구와 같다.
· 반지름이 지구의 4배이다.
· 내부 구성 물질은 균질하다.
· 물이 존재하지 않는다.
· 대기가 없다.

20강. 별 관측

1. 별자리   2. 계절에 따른 별자리   3. 별의 위치   4. 연주 시차와 별까지의 거리

1. 별자리

(1) **별자리** : 밤하늘의 밝은 별들을 그 주변의 별들과 서로 연결하여 그 모양으로부터 연상되는 신화 속 인물이나 동물, 물건의 이름을 붙여 놓은 것이다.

① 별자리의 기원 : 수천 년 전 메소포타미아 지방의 목동들이 양떼를 지키면서 밤하늘의 별들의 형태를 보고 처음 만들었다.

② 표준 별자리 : 1922년 국제천문연맹(IAU)에서 88개의 별자리를 정하여 현재까지 공통으로 사용하고 있다. 북반구 하늘에 28개, 남반구 하늘에 48개, 황도 상에 12개가 위치한다.

③ 매일 같은 시각에 보이는 별자리의 위치는 하루에 약 1°씩 동에서 서로 움직인다.

(2) **북쪽 하늘 별자리** : 북쪽 하늘의 북극성 부근에 있는 별자리들은 계절에 상관없이 항상 볼 수 있기 때문에 다른 별자리를 찾는 길잡이로 사용된다.

큰곰자리	작은곰자리	카시오페이아자리	세페우스자리
북두칠성을 포함한 별자리	북극성을 포함한 별자리	W 자 모양의 별자리	오각형 모양의 별자리

별자리의 형성

각 별들은 모두 다른 거리에 있지만 보이는 방향이 같아서 관측자에게는 밤하늘에 투영되어 같은 거리에 있는 것처럼 보인다.

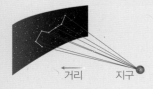

거리   지구

밤하늘에서 북극성 찾기

· 북두칠성 이용 : 북두칠성 국자 모양 중 머리 끝 부분의 두 별의 간격을 5배 연장하여 만나는 별

· 카시오페이아 자리 이용 : W자의 뾰족한 부분의 두 지점 간격을 5배 연장하여 만나는 별

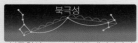

북극성

북두칠성   카시오페이아자리

우리나라에서 볼 수 있는 별자리

우리나라에서는 국제천문연맹에서 정한 표준 별자리 중 67개의 별자리를 볼 수 있다. 남반구에 위치하여 완전히 볼 수 없는 별자리는 9개이다.

천문우주지식정보

https://astro.kasi.re.kr/learning/pageView/5058

천문우주지식정보 별자리 맵에 들어가면 별자리 정보를 알 수 있다.

미니사전

황도 [黃 누렇다 道 길] 지구의 공전으로인해 나타나는 천구에서의 태양의 겉보기 운동 경로

개념확인 1

다음 설명에 해당하는 단어를 쓰시오.

> 밤하늘의 밝은 별들을 그 주변의 별들과 서로 연결하여 그 모양으로부터 연상되는 신화 속 인물이나 동물, 물건의 이름을 붙여 놓은 것

(   )

확인 +1

계절에 상관없이 북쪽 하늘에서 항상 볼 수 있는 별자리가 <u>아닌</u> 것은?

① 큰곰자리   ② 작은곰자리   ③ 오리온자리
④ 세페우스자리   ⑤ 카시오페이아자리

2. 계절에 따른 별자리

(1) 별자리의 변화

시간에 따른 변화	같은 지역이라도 지구가 자전하기 때문에 별자리가 동에서 서로 움직인다.
계절에 따른 변화	지구가 공전하기 때문에 별자리가 계절에 따라 달라진다.
위도에 따른 변화	지구가 둥글기 때문에 위도에 따라 보이는 별자리가 달라진다.

(2) 계절별 별자리 : 계절마다 밤 9시 무렵에 남쪽 하늘에서 볼 수 있는 별자리

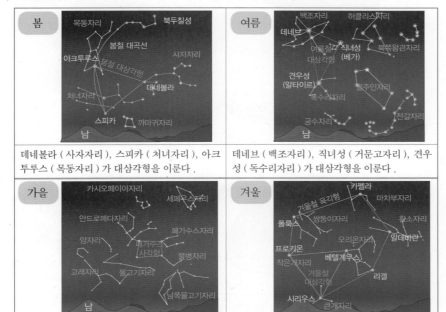

데네볼라 (사자자리), 스피카 (처녀자리), 아크투루스 (목동자리)가 대삼각형을 이룬다.	데네브 (백조자리), 직녀성 (거문고자리), 견우성 (독수리자리)가 대삼각형을 이룬다.
페가수스자리의 사각형 주변에서 별자리를 관측할 수 있다.	베텔게우스 (오리온자리), 프로키온 (작은개자리), 시리우스 (큰개자리)가 대삼각형을 이룬다.

정답 및 해설 23쪽

개념확인 2

다음은 별자리의 변화에 대한 설명이다. 빈칸에 알맞은 말을 쓰시오.

지구가 (　　　)하기 때문에 별자리가 계절마다 바뀐다. 계절마다 밤 (　　) 시 무렵에 (　　)쪽 하늘에서 볼 수 있는 별자리를 계절별 별자리라고 한다.

확인 +2

봄에 볼 수 있는 별자리가 <u>아닌</u> 것은?

① 목동자리　　　　② 사자자리　　　　③ 까마귀자리
④ 처녀자리　　　　⑤ 백조자리

별자리 보기판

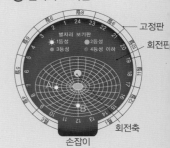

① 별자리 보기판의 날짜와 시간 눈금을 맞춘다.
② 별자리 보기판을 하늘 방향으로 들어 별자리의 북쪽 표시 방향을 실제 북쪽 방향과 맞춘다.
③ 별자리 보기판 속의 둥근 창에 나타난 별자리를 참고로 실제 별자리를 찾는다.

별의 이름

별자리를 이루는 별들 중 가장 밝게 보이는 별을 α 별이라고 하고, 그 다음 별은 β 별, γ 별 등의 순으로 기호를 붙인다.

▲ 작은 곰자리

천상열차분야 지도

조선시대의 천문도(1687년, 보물 제837호)로 천상열차분야란 하늘의 모양(별자리)을 차례대로 나눈 그림이란 뜻이다. 여러 겹의 장지를 겹쳐 만들었으며 구성과 내용에 누락된 곳 없이 상세히 적혀 있다.

천구 북극	지구의 북극을 연장하여 천구와 만나는 점
천구 남극	지구의 남극을 연장하여 천구와 만나는 점
북점	천구의 북극과 가장 가까운 점
남점	천구의 남극과 가장 가까운 점
지평선	관측자가 서 있는 지평면이 천구와 만나는 원

● 태양의 연주 운동과 계절에 따른 별자리의 변화 (황도 12궁)

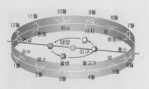

● 천구 상의 점과 관측자와의 관계

· 관측자의 위치와 관계없이 변하지 않는 것 : 천구의 북극, 남극, 적도

· 관측자의 위치에 따라 변하는 것 : 북점, 남점, 지평선

● 방위각과 고도의 측정 방법

 방위각과 고도는 ①→②→③의 순서로 측정한다.

3. 별의 위치

(1) 천구 : 관측자를 중심으로 크기가 무한대인 가상의 구형 하늘

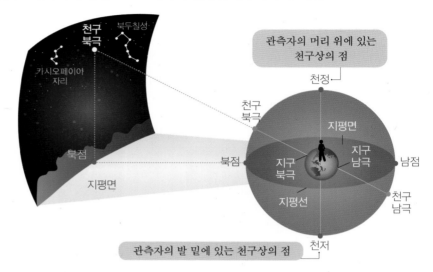

(2) 지평 좌표계 : 별의 위치를 관측자를 중심으로 고도와 방위각으로 나타내는 좌표계

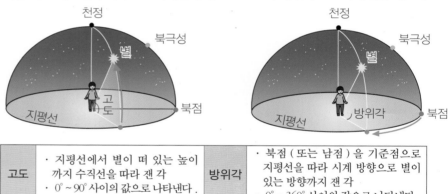

고도	· 지평선에서 별이 떠 있는 높이까지 수직선을 따라 잰 각 · 0° ~ 90° 사이의 값으로 나타낸다.	방위각	· 북점 (또는 남점) 을 기준점으로 지평선을 따라 시계 방향으로 별이 있는 방향까지 잰 각 · 0° ~ 360° 사이의 값으로 나타낸다.

개념확인 3

지평 좌표계에 대한 설명을 바르게 짝지으시오.

(1) 방위각 •

(2) 고도 •

• ㉠ 북점을 기준점으로 지평선을 따라 시계 방향으로 별이 있는 방향까지 잰 각

• ㉡ 지평선에서 별이 떠 있는 높이까지 수직선을 따라 잰 각

확인 +3

천구에서 관측자의 발 밑에 있는 천구 상의 점은?

① 천정 ② 북점 ③ 지평선

④ 천저 ⑤ 천구 북극

4. 연주 시차와 별까지의 거리

(1) 연주 시차 : 지구에서 동일한 별을 6개월 간격으로 볼 때 생기는 별의 시차의 $\frac{1}{2}$

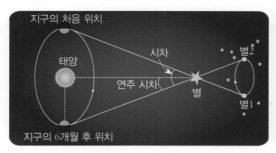

지구의 처음 위치 ⇒ 별은 천구 상의 별1에 위치한것 처럼 보인다.

지구의 6개월 후 위치 ⇒ 별은 천구 상의 별2에 위치한것 처럼 보인다.

① 연주 시차가 나타나는 이유 : 지구가 공전하기 때문
② 연주 시차의 단위 : ″(초)

(2) 연주 시차와 별의 거리

① 연주 시차와 별까지의 거리 관계 : 연주 시차와 별까지의 거리는 서로 반비례
한다.

$$\text{별까지의 거리(pc)} = \frac{1}{\text{연주 시차(″)}}$$

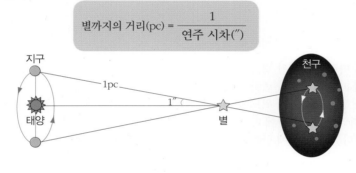

② 연주 시차의 한계 : 멀리 있는 별들은 연주 시차가 매우 작아서 측정하기 어렵
기 때문에 연주 시차는 100pc 이내의 비교적 가까운 별까지의 거리를 구하는
경우에만 이용한다.

정답 및 해설 **23**쪽

 개념확인 4

다음은 연주 시차에 대한 설명이다. 빈칸에 알맞은 말을 쓰시오.

연주 시차는 지구에서 동일한 별을 (   )개월 간격으로 볼 때 생기는 별의 시
차의 (   )이다.

 확인 +4

연주 시차가 나타나는 이유는?

① 지구가 둥글기 때문에
② 지구가 자전하기 때문에
③ 지구가 공전하기 때문에
④ 천구상에서 관측된 별이기 때문에
⑤ 관측한 위도가 다르기 때문에

● 시차
같은 물체를 서로 다른 두 지점에서 볼 때 두 관측 지점과 물체가 이루는 각을 말한다. 시차는 두 눈에서 물체까지의 거리가 멀어질수록 작아진다.

● 1″(초)
각도 1°를 60등분한 값을 1′(분)이라고 하고, 1′을 60 등분한 값을 1″(초)라고 한다.

$$1″ = \left(\frac{1}{60}\right)′ = \left(\frac{1}{3600}\right)°$$

● 천체의 거리를 나타내는 단위
· 1AU(천문 단위) = 태양과 지구 사이의 평균 거리
  ≒ 1.5×10^8km
· 1LY(광년) = 빛이 1년 동안 갈 수 있는 거리
  ≒ 9.5×10^{12}km
· 1pc(파섹) = 연주 시차가 1″(초)인 별까지의 거리
  ≒ 3.26LY
  ≒ 206265AU
  ≒ 3.1×10^{13}km

● 천체의 각거리 측정
천구상에서 천체 사이의 거리는 각거리로 나타낸다. 각거리란 관측자를 중심으로 천구상의 두 천체가 이루는 각도를 말한다. 보통 팔을 하늘을 향해 쭉 뻗어서 손을 이용하여 측정을 하는데 새끼손가락 한 개의 각도를 1°로 한다.

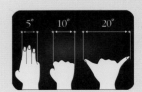

01 별자리에 대한 설명으로 옳은 것은?

① 계절에 상관없이 볼 수 있는 별자리는 없다.
② 모든 나라에서 관측할 수 있는 별자리는 같다.
③ 매일 같은 시각에 보는 별자리의 위치는 서에서 동으로 움직인다.
④ 매일 같은 시각에 보는 별자리의 위치는 하루에 약 $10°$ 씩 움직인다.
⑤ 북극성 부근에 있는 별자리들은 다른 별자리를 찾는 길잡이로 사용된다.

02 별자리의 변화에 대한 설명으로 옳은 것은?

① 시간에 따라 별자리가 변하는 것은 지구의 공전 때문이다.
② 계절에 따라 별자리가 변하는 것은 지구가 자전하기 때문이다.
③ 지구가 둥글기 때문에 위도에 따라 보이는 별자리가 달라진다.
④ 같은 지역이라도 시간에 따라 별자리는 서에서 동으로 움직인다.
⑤ 계절마다 자정 무렵에 남쪽 하늘에서 볼 수 있는 별자리를 계절별 별자리라고 한다.

03 다음 〈보기〉는 계절별 별자리를 나타낸 것이다. 여름에 볼 수 있는 별자리를 모두 고른 것은?

〈 보기 〉		
ㄱ. 거문고자리	ㄴ. 백조자리	ㄷ. 페가수스자리
ㄹ. 독수리자리	ㅁ. 처녀자리	ㅂ. 작은개자리

① ㄱ, ㄴ, ㄷ ② ㄱ, ㄴ, ㄹ ③ ㄱ, ㅁ, ㅂ
④ ㄴ, ㄹ, ㅂ ⑤ ㄷ, ㅁ, ㅂ

정답 및 해설 **23쪽**

04 오른쪽 그림은 천구를 나타낸 것이다. 각 기호와 명칭이 바르게 짝지어진 것이 <u>아닌</u> 것은?

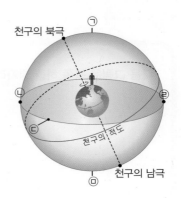

① ㉠ - 천정   ② ㉡ - 북점   ③ ㉢ - 지평면   ④ ㉣ - 남점   ⑤ ㉤ - 천저

05 오른쪽 그림은 지평 좌표계로 별의 위치를 나타낸 것이다. 각 기호와 명칭이 바르게 짝지어진 것은?

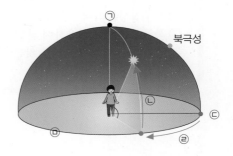

① ㉠ - 북점   ② ㉡ - 방위각   ③ ㉢ - 남점
④ ㉣ - 고도   ⑤ ㉤ - 지평선

06 다음 표는 별들의 연주 시차를 나타낸 것이다. 거리가 먼 순서대로 바르게 나열한 것은?

별	A	B	C
연주 시차	0.012	0.37	0.09

① A - B - C   ② A - C - B   ③ B - A - C
④ B - C - A   ⑤ C - A- B

[유형20-1] 별자리

다음 그림은 북쪽 하늘 별자리이다. 이에 대한 설명으로 옳은 것은?

북극성

① 봄철엔 ㉠을 관찰할 수 없다.
② 각 별들은 모두 같은 거리에 있다.
③ 북두칠성은 북극성을 포함하고 있다.
④ 북극성은 ㉢을 이용하여 찾을 수 있다.
⑤ ㉠~㉣은 다른 별자리를 찾는 길잡이로 사용된다.

Tip!

01 다음 중 계절에 상관없이 항상 볼 수 있는 별자리의 특징에 대한 설명으로 옳은 것은?

① 세페우스자리는 오각형 모양이다.
② 큰곰자리는 W자 모양의 별자리이다.
③ 작은곰자리는 북두칠성을 포함한 별자리이다.
④ 작은곰자리를 이용하여 북극성을 찾을 수 있다.
⑤ 카시오페이아자리는 북극성을 포함한 별자리이다.

02 다음 〈보기〉 중에서 별자리에 대한 설명으로 옳은 것을 모두 고른 것은?

〈 보기 〉

ㄱ. 우리나라에서는 표준 별자리를 모두 볼 수 있다.
ㄴ. 매일 같은 시간에 보는 별자리의 위치는 조금씩 동에서 서로 움직인다.
ㄷ. 북극성 부근의 별자리를 이용하여 다른 별자리를 찾을 수 있다.

① ㄱ   ② ㄴ   ③ ㄷ   ④ ㄱ, ㄴ   ⑤ ㄴ, ㄷ

정답 및 해설 23쪽

[유형20-2] 계절에 따른 별자리

다음 그림은 계절에 따른 주요 별자리를 나타낸 것이다. 이에 대한 설명으로 옳은 것은?

(가)

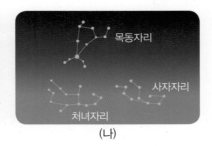
(나)

① (가)는 여름의 대표 별자리이다.
② (나)는 가을의 대표 별자리이다.
③ 지구가 둥글기 때문에 계절별 별자리가 달라진다.
④ 계절마다 밤9시 무렵에 동쪽 하늘에서 볼 수 있는 별자리이다.
⑤ (나)에서 사자자리의 데네볼라, 처녀자리의 스피카, 목동자리의 아크투루스가 대삼각형을 이룬다.

03 다음 그림은 여름철 별자리이다. 여름철 대삼각형을 이루는 별의 이름이 바르게 짝지어진 것은?

① ㉠ - 알타이르   ② ㉡ - 데네브
③ ㉢ - 베가   ④ ㉠ - 스피카
⑤ ㉢ - 프로키온

04 다음 〈보기〉 중에서 가을철에 볼 수 있는 별자리를 모두 고른 것은?

─────〈 보기 〉─────
ㄱ. 쌍둥이자리   ㄴ. 물병자리
ㄷ. 까마귀자리   ㄹ. 페가수스자리

① ㄱ, ㄴ   ② ㄴ, ㄷ   ③ ㄷ, ㄹ
④ ㄱ, ㄹ   ⑤ ㄴ, ㄹ

[유형20-3] **별의 위치**

다음 그림은 별의 위치를 지평 좌표계로 나타낸 것이다. 이 별의 방위각과 고도를 바르게 짝지은 것은? (단, 방위각의 기준은 북점이다.)

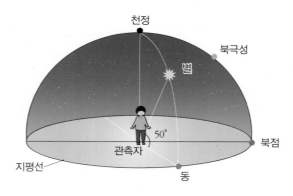

	방위각	고도		방위각	고도		방위각	고도
①	50°	40°	②	50°	50°	③	90°	40°
④	90°	50°	⑤	270°	50°			

Tip!

05 **천구에 대한 설명 중 옳은 것은?**

① 천구의 북극은 관측자의 위치에 따라 변한다.
② 지평선은 관측자의 위치에 따라 변하지 않는다.
③ 천구의 북극과 가장 가까운 점을 북점이라고 한다.
④ 관측자의 발 밑에 있는 천구 상의 점을 천구 남극이라고 한다.
⑤ 천구는 태양을 중심으로 크기가 무한대인 가상의 구형 하늘이다.

06 **지평 좌표계에 대한 설명 중 옳은 것은?**

① 고도는 0° ~ 360° 사이의 값으로 나타낸다.
② 방위각은 0° ~ 90° 사이의 값으로 나타낸다.
③ 북극성이 있는 정북쪽 방향과 지평선이 만나는 지점이 북점이다.
④ 천정에서 별이 떠 있는 높이까지 수직선을 따라 잰 각을 고도라고 한다.
⑤ 북점을 기준점으로 지평선을 따라 시계 반대 방향으로 별이 있는 방향까지 잰 각을 방위각이라고 한다.

[유형20-4] 연주시차와 별까지의 거리

다음 그림은 지구에서 6개월 간격으로 별을 관측한 모습을 나타낸 것이다. 이에 대한 설명으로 옳은 것은?

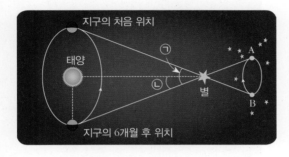

① ㉠은 연주 시차이다.
② ㉠과 별까지의 거리는 관계가 없다.
③ ㉡은 지구가 공전하기 때문에 나타난다.
④ 지구의 처음 위치에서 별은 천구 상의 A에 위치한 것처럼 보인다.
⑤ ㉡을 이용하면 100pc 밖의 멀리 있는 별들의 거리를 구할 수 있다.

07 다음 그림은 지구에서 6개월 간격으로 별을 관찰한 모습을 나타낸 것이다. 지구에서 별까지의 거리는 몇 pc인가?

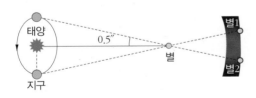

① 0.5pc   ② 1pc   ③ 2pc
④ 4pc   ⑤ 8pc

08 다음 표는 별들의 거리를 나타낸 것이다. 연주 시차가 가장 큰 별은?

별	A	B	C	D	E
거리(pc)	2.5	18	5	0.2	45

① A   ② B   ③ C
④ D   ⑤ E

01 다음 그림은 맑은 날 밤하늘에 떠있는 별들의 모습이다. 이를 보면 많은 별들이 반짝반짝 빛을 내면서 촘촘히 하늘에 놓여져있는 것처럼 보인다.

(1) 만약 우리가 우주로 나간다면 우주 공간 속에도 별들이 촘촘하게 보일까?

(2) 사진 속 별들은 반짝반짝 빛을 내면서 떠 있다. 별은 스스로 빛을 내는 항성이다. 그렇다면 밤하늘에 반짝이는 모든 것들은 별일까?

(3) 우리가 알고 있는 행성 중 금성은 그 아름다움(밝기) 때문에 서양에서는 로마신화의 비너스(Venus)라고 부르고 있으며, 메소포타미아에서는 미의 여신 이슈타르라 불렀고, 이후 그리스에서는 아프로디테 등 세계 각국에서 금성의 이름을 아름다운 여성의 이름으로 붙인 경우가 많다. 우리나라에서도 금성을 '샛별'이라 부르고 있다. 과학적 의미로만 본다면 금성을 '샛별'이라 불러도 될까?

정답 및 해설 **24쪽**

02

'반짝반짝 작은 별 아름답게 비치네~' 우리가 알고 있는 동요 '반짝반짝 작은 별'의 한 대목이다. 이처럼 별은 밤하늘에서 반짝거리며 빛나고 있다.

(1) 다음 그림은 뜨거운 여름철 아스팔트 위에 생긴 아지랑이의 모습을 나타낸 것이다. 습도가 높아진 여름날 지면이 뜨겁게 달궈지면 수증기가 증발되어 공중에 떠있게 된다. 이때 수증기로 인하여 공기의 밀도가 균일하지 않아 빛이 직진하지 않고 굴절되어 아른거리게 되는 것이다. 이러한 현상과 대기를 통과하는 별빛이 반짝이는 이유의 공통점을 서술하시오.

(2) 지구에서 반짝이는 별을 달에서 관측한다면 별의 반짝이는 정도의 차이가 있을지 서술하시오.

03 그림 (가)는 어느 날 북반구에서 자정에 관측할 수 있는 황도 12궁을 나타낸 것이며, 그림 (나)는 지구 공전 궤도에 따른 12궁을 나타낸 것이다. 물음에 답하시오.

(가)

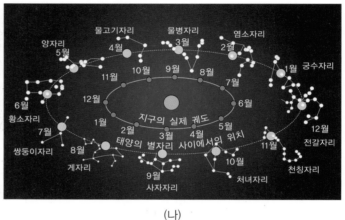

(나)

(1) 그림 (가)에서 자정 무렵 정남쪽에 위치한 별자리를 말하고, 이를 통해 관측한 날은 몇 월경임을 알 수 있는지 서술해 보자. 또한 약 2시간 후에 정남쪽 하늘에 보일 별자리는 어느 것일까?(단, 밤하늘의 별은 하룻밤에 동쪽으로 떠서 서쪽으로 진다.)

(2) 지구의 공전 방향을 설명하고, 그림 (나)를 참고하여 약 6개월 후 자정 무렵에 남쪽 하늘에서 관측할 수 있는 별자리는 어느 것일까?

(3) 다음 글은 무한이가 맨눈과 망원경으로 밤하늘을 보고 달, 별자리, 행성에 대해 정리한 일기이다. 황도 12궁을 참고로 하여 글의 ㉠~㉦ 중에서 잘못된 부분 4곳을 골라 기호를 쓰고, 잘못된 이유를 설명하시오.

오늘은 하지라서 그런지 상당히 더웠다. 우리 집 식구들은 차를 타고 서울(북위 37.5°) 근처 친척 집에서 저녁을 먹었다. 밥을 먹은 다음 별과 행성을 많이 볼 수 있으리라 기대하고 밖으로 나왔다. 은하수는 잘 보이지 않았지만, ㉠황소자리에 상현달이 보였고, ㉡상현달의 남중 고도*를 쟀더니 오늘(하지) 낮 태양의 남중 고도와 거의 같았다.

높이 떠 있는 달 때문에 별들이 많이 보이지 않았다. 자정을 넘기고 달이 지니 별이 더 잘 보였고, ㉢목성을 맨눈으로 거문고자리에서 볼 수 있었다. ㉣굴절 망원경(렌즈 지름 150mm)을 설치해 목성을 보니 줄무늬가 눈에 띄었다. 갈릴레오 위성이 옆에서 목성을 지켜주는 것 같았다. ㉤염소자리와 물병자리 사이에서 해왕성도 맨눈으로 보였다. ㉥망원경으로 보는 해왕성은 푸른빛의 매우 작은 원반 모양이었다.

은하수도 볼 수 있었는데, 이런 아름다운 은하수를 본 지 2~3년은 된 것 같았다. ㉦은하수를 따라 밝은 성운 여러 개를 망원경으로 더 찾아보았다. 정말 잊을 수 없는 밤이었다.

* 상현달의 남중 고도 : 상현달이 정남쪽에 위치할 때의 고도

기호	잘못된 이유

04 우리는 별을 관찰할 때 별자리판을 이용한다. 별자리판을 아래로 내려 관찰해 보면 실제 방위와 다르게 동쪽과 서쪽이 바뀌어 있는 것을 관찰할 수 있다. 별자리 판의 동쪽과 서쪽이 다른 이유를 쓰시오.

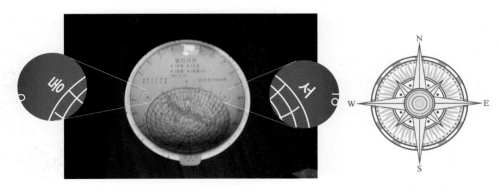

▲ 별자리 판을 아래로 하였을 때의 방위　　　　▲ 실제 방위

A

01 다음은 별자리에 대한 설명이다. 빈칸에 알맞은 말을 쓰시오.

> 매일 같은 시각에 보이는 별자리의 위치는 하루에 약 (　　)° 씩 (　　)쪽에서 (　　)쪽으로 움직인다.

02 북쪽 하늘 별자리와 그에 대한 설명을 바르게 연결하시오.

(1) 큰곰자리　•　　•　㉠ 북두칠성을 포함한 별자리

(2) 작은곰자리　•　　•　㉡ 북극성을 포함한 별자리

03 다음 〈보기〉는 우리나라에서 볼 수 있는 별자리들이다. 계절에 상관없이 볼 수 있는 별자리를 모두 고른 것은?

> ─── 〈 보기 〉───
> ㄱ. 큰곰자리　　　ㄴ. 사자자리
> ㄷ. 세페우스자리　ㄹ. 백조자리
> ㅁ. 카시오페이아자리

① ㄱ, ㄴ
② ㄱ, ㄴ, ㄷ
③ ㄱ, ㄴ, ㄹ
④ ㄱ, ㄷ, ㅁ
⑤ ㄱ, ㄴ, ㄹ, ㅁ

04 별자리의 변화와 그 원인을 바르게 연결하시오.

(1) 시간에 따른 변화　•　　•　㉠ 지구의 자전

(2) 계절에 따른 변화　•　　•　㉡ 둥근 지구

(3) 위도에 따른 변화　•　　•　㉢ 지구의 공전

05 별들이 이루는 대삼각형이 그 계절 밤하늘의 길잡이 역할을 하지 <u>않는</u> 계절은?

06 다음 설명에 해당하는 단어를 쓰시오.

> 관측자를 중심으로 크기가 무한대인 가상의 구형 하늘

(　　　　　)

07 다음 설명에 해당하는 단어를 쓰시오.

> 별의 위치를 관측자를 중심으로 방위각과 고도로 나타내는 좌표계

(　　　　　)

08 별의 위치를 알기 위한 내용들에 대한 설명이다. 옳은 것은 O표, 옳지 않은 것은 X표 하시오.

(1) 방위각의 기준점은 항상 북점이어야 한다.
(　　)

(2) 천구상의 모든 점은 관측자의 위치에 따라 변한다.
(　　)

(3) 관측자가 서 있는 지평면이 천구와 만나는 원을 지평선이라고 한다.
(　　)

09 다음 설명에 해당하는 단어를 쓰시오.

지구에서 동일한 별을 6개월 간격으로 볼 때 생기는 별의 시차의 $\frac{1}{2}$이다.

(　　　　　)

10 연주 시차에 대한 설명이다. 옳은 것은 O표, 옳지 않은 것은 X표 하시오.

(1) 연주 시차와 별까지의 거리는 비례 관계이다.

(　　)

(2) 연주 시차는 지구의 공전 때문에 생기는 현상이다.

(　　)

(3) 1000pc 이상의 멀리 있는 별들의 거리를 측정하는 경우에 사용한다.

(　　)

11 다음은 별자리의 형성에 대한 설명이다. 빈칸에 알맞은 말을 〈보기〉에서 골라 쓰시오.

〈 보기 〉

ㄱ. 거리　　ㄴ. 각도　　ㄷ. 방향

ㄹ. 크기　　ㅁ. 색깔　　ㅂ. 모양

각 별들은 모두 (　　　　　)이(가) 다르지만 보이는 (　　　　　)이(가) 같아서 관측자에게는 밤하늘에 투영되어 같은 (　　　　　)에 있는 것 처럼 보인다.

12 밤하늘에 떠 있는 북극성을 찾기 위해 필요한 별자리를 바르게 짝지은 것은?

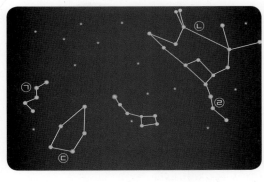

① ㉠, ㉡　　　② ㉠, ㉢　　　③ ㉠, ㉣
④ ㉡, ㉢　　　⑤ ㉢, ㉣

13 다음 〈보기〉에서 봄철 대삼각형을 이루는 별을 모두 고르시오.

〈 보기 〉

ㄱ. 직녀성　　　ㄴ. 데네볼라
ㄷ. 견우성　　　ㄹ. 프로키온
ㅁ. 스피카　　　ㅂ. 아크투루스

14 계절별 주요 별자리와 그 계절이 바르게 짝지어진 것은?

① 양자리 - 봄
② 오리온자리 - 여름
③ 페가수스자리 - 가을
④ 사자자리 - 겨울
⑤ 백조자리 - 봄

15 다음 그림은 겨울철 별자리이다. 겨울철 대삼각형을 이루는 별의 이름을 바르게 짝지은 것은?

① ㉠ - 데네브
② ㉠ - 시리우스
③ ㉡ - 스피카
④ ㉡ - 프로키온
⑤ ㉢ - 베텔게우스

16 다음 〈보기〉의 그림은 계절에 따른 별자리들이다. 봄 ~ 겨울 순으로 바르게 짝지은 것은?

〈 보기 〉

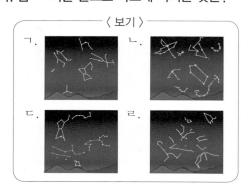

① ㄱ - ㄴ - ㄷ - ㄹ
② ㄴ - ㄷ - ㄱ - ㄹ
③ ㄷ - ㄴ - ㄹ - ㄱ
④ ㄹ - ㄷ - ㄴ - ㄱ
⑤ ㄹ - ㄱ - ㄴ - ㄷ

17 다음 그림은 별의 위치를 지평 좌표계로 나타낸 것이다. 고도가 가장 큰 값을 갖는 별은 무엇인가?

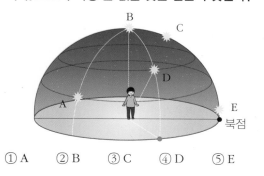

① A ② B ③ C ④ D ⑤ E

18 다음 그림은 별의 위치를 지평 좌표계로 나타낸 것이다. 3개의 별의 방위각이 큰 순서대로 바르게 나열한 것은? (단, 방위각의 기준은 남점이다.)

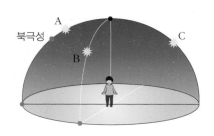

① A - B - C
② A - C - B
③ B - A - C
④ B - C - A
⑤ C - B - A

19 다음은 연주 시차의 단위를 나타낸 것이다. 빈칸에 알맞게 숫자를 쓰시오.

$$1'' = (\qquad)' = (\qquad)°$$

20 다음 그림은 지구에서 6개월 간격으로 별을 관찰한 모습을 나타낸 것이다. 지구와 별 사이의 거리가 5pc 라면 이 별의 연주 시차는?

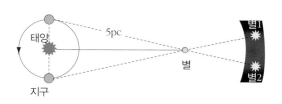

① 0.1″ ② 0.2″ ③ 0.4″
④ 0.8″ ⑤ 1.0″

정답 및 해설 26쪽

21 다음 그림 중 여름철 밤 9시 무렵 남쪽 하늘에서 볼 수 있는 별자리는?

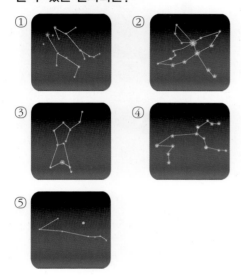

22 다음 그림은 천구를 나타낸 것이다. 천구 상의 여러 점들이 관측자의 위치에 따라 변하는 값과 변하지 않는 값끼리 바르게 묶인 것은?

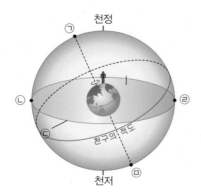

	변하는 값	변하지 않는 값
①	ㄱ, ㅁ,	ㄴ, ㄷ, ㄹ
②	ㄱ, ㄴ, ㄷ	ㄹ, ㅁ
③	ㄴ, ㄷ	ㄱ, ㄹ, ㅁ
④	ㄴ, ㄷ, ㄹ	ㄱ, ㅁ
⑤	ㄷ, ㄹ	ㄱ, ㄴ, ㅁ

23 다음 표는 어느 별의 시간에 따른 방위각과 고도의 변화를 나타낸 것이다. 05시 경에 별의 위치는? (단, 방위각의 기준은 북점이다.)

	15시	22시	05시
고도	0°	60°	0°
방위각	50°	180°	300°

① 정남쪽 　　　　② 정북쪽
③ 동남쪽 　　　　④ 북서쪽
⑤ 동쪽

24 다음은 다양한 별들과의 거리를 나타낸 것이다. 지구로부터 가장 멀리 있는 별은?

① 연주 시차가 $2''$인 별
② 별까지의 거리가 1pc인 별
③ 별까지의 거리가 1AU인 별
④ 별까지의 거리가 1LY인 별
⑤ 별까지의 거리가 2×10^{10}km

25 다음 그림은 두 별의 시차를 나타낸 것이다. A별의 시차가 $2''$, B별의 시차가 $0.8''$ 라면 각 별의 연주 시차와 지구에서 별까지의 거리가 바르게 짝지어진 것은?

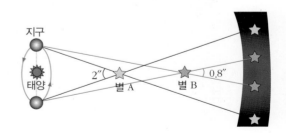

	A별 연주시차	A별까지 거리	B별 연주시차	B별까지 거리
①	$1''$	1pc	$0.4''$	2.5pc
②	$1''$	2pc	$0.4''$	5pc
③	$2''$	0.5pc	$0.8''$	1.25pc
④	$2''$	2pc	$0.8''$	5pc
⑤	$4''$	0.25pc	$1.6''$	1pc

26 북쪽 하늘의 별자리들은 다른 별자리를 찾는 길잡이로 사용되고 있다. 그 이유를 서술하시오.

28 다음 그림은 별의 위치를 지평 좌표계로 표시하기 위한 과정을 나타낸 것이다. 그림을 참고하여 그 과정을 서술하시오.

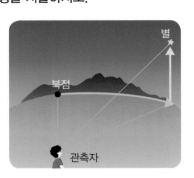

27 다음 그림은 황도 12궁이다. 1월에 볼 수 있는 별자리와 계절에 따라 별자리가 변화하는 이유를 설명하시오.

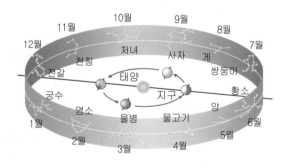

29 동일한 별의 연주 시차를 지구와 화성에서 각각 측정하려고 한다. 각 행성에서의 연주 시차는 어떤 차이가 생길지 서술하시오.

30 연주 시차의 한계에 대하여 서술하시오.

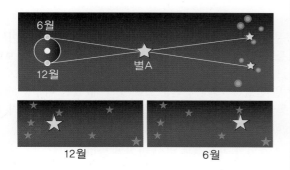

31 밤하늘에 떠 있는 별이 반짝이는 이유는 무엇일까?

32 서울과 터키의 코니아는 위도는 37.5°N로 같지만, 경도는 서울 127°E, 코니아 32.3°E로 각각 다르다. 그렇다면 같은 시간에 관측한 북극성의 고도는 어떤 차이를 보일까?

21강. 별의 성질

1. 별의 밝기와 등급   2. 별의 밝기와 거리   3. 별의 등급   4. 별의 표면 온도

1. 별의 밝기와 등급

(1) 별의 밝기와 구분

① 최초의 별의 밝기 구분 : 고대 그리스 천문학자 히파르코스가 눈에 보이는 별들을 밝기에 따라 1등급(가장 밝게 보이는 별) ~ 6등급(가장 어둡게 보이는 별)으로 분류하였다.

② 망원경 관측을 통한 별 관찰(17세기) : 맨눈으로 볼 수 없었던 어두운 별들을 발견(6등급보다 큰 등급 사용)하였고, 1등급보다 밝은 별들을 1보다 더 작은 수(0, −1 등)로 분류하여 등급의 체계를 확장하였다.

(2) 별의 밝기와 등급 : 등급 숫자가 작을수록 별의 밝기가 밝다.

1 등급보다 밝은 별	각 등급 사이 밝기의 별	6 등급보다 어두운 별
0 등급 이하	소수점을 이용하여 나타냄	7 등급 이상
− 1 등급이 0 등급보다 밝다	− 1.5 등급 , 4.8 등급 ,…	8등급이 7 등급보다 어둡다 .

(3) 별의 등급에 따른 밝기 비 : 별의 1등급 간 밝기 비는 약 2.5 배이다.

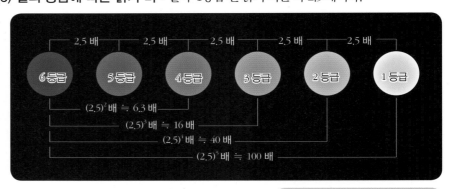

▲ 별의 등급 차이에 따른 밝기 비

밝기 비 ≒ $2.5^{등급차}$(배)

 다음 빈칸에 알맞은 말을 쓰시오.

> 과학자 히파르코스는 맨눈으로 볼 수 있는 별들을 밝기에 따라 가장 밝은 별을 (   )등급, 가장 어둡게 보이는 별을 (   )등급으로 하여 별의 밝기를 분류하였다.

 1 등급 별과 2 등급 별의 밝기 비는 약 몇 배인가?

약(   )배

2. 별의 밝기와 거리

(1) 별의 밝기에 영향을 주는 요인들 : 별의 밝기는 눈에 들어오는 별빛의 양에 따라 달라진다.

→ 별과의 거리가 가까울수록, 별이 방출하는 복사 에너지의 양이 많을수록 별의 밝기가 밝다.

(2) 별의 밝기와 별과 관측자와의 거리에 따른 관계

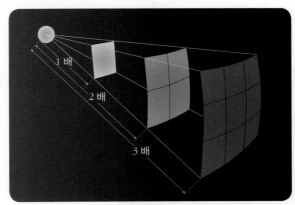

▲ 별의 밝기와 거리의 관계

별로 부터의 거리 1 배, 2 배, 3 배, …	별빛이 비추는 전체 면적 1 배, 4 배, 9 배, …	단위 면적이 받는 별빛의 양 1배, $\frac{1}{4}$ 배, $\frac{1}{9}$ 배, …

→ 별과의 거리가 2 배, 3 배, …로 멀어지면, 별의 밝기는 $\frac{1}{4}$배, $\frac{1}{9}$배, … 가 되어 어두워진다.

$$별의 밝기 \propto \frac{1}{(별과의 거리)^2}$$

◉ 별의 밝기를 나타내는 방법
· 별의 밝기는 광속이나 광도를 이용하여 나타낸다.
· 광속(flux)은 별에서 나오는 빛의 다발이 지구에 도달하는 양을 의미한다.
· 광도(luminosity)는 별이 방출하는 에너지의 양을 말한다.

◉ 별들이 빛나는 이유
별들 내부에서 일어나는 핵융합 반응에 의하여 방출하는 엄청난 에너지에 의해 빛이 난다.

◉ 생각해보기★★
별에서 방출되는 빛에너지은 늘 같은 양이므로 늘 같은 밝기로 보일까?

정답 및 해설 **28쪽**

다음 빈칸에 알맞은 말을 쓰시오.

별과의 거리가 2배, 3배, … 로 멀어지면 별의 밝기는 (　　)배, (　　)배, … 로 어두워진다.

다음 중 별의 밝기를 결정하는 요인을 모두 고르시오.(3개)

① 별까지의 거리　　　　② 별이 방출하는 에너지의 양
③ 별의 구성 물질　　　　④ 눈에 들어오는 별빛의 양
⑤ 별의 생성 시기

3. 별의 등급

(1) 겉보기 등급과 절대 등급

겉보기 등급 (실시 등급)	절대 등급
지구에서 보았을 때 눈에 보이는 밝기를 나타낸 등급	별까지의 거리를 10pc(약 32.6 광년) 로 놓았을 때의 밝기를 나타낸 등급
· 별의 실제 밝기를 알 수 없다 . · 등급이 작을수록 우리 눈에 밝게 보인다 .	· 별의 실제 밝기를 나타낸다 . · 등급이 작을수록 실제로 밝다 .

(2) 별의 등급과 거리 : 별의 거리 지수가 클수록 멀리 있는 별이다.

$$별의 거리 지수 = 겉보기 등급 - 절대 등급$$

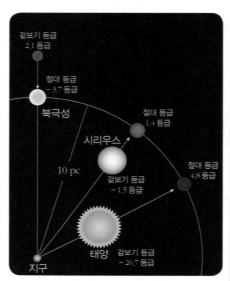

▲ 천체들의 겉보기 등급과 절대 등급

겉보기 등급 – 절대 등급 < 0

별과의 거리가 10 pc 보다 가까이 있는 별
→ 별의 위치를 10 pc 의 거리로 가져가면 더 어둡게 보이고 별의 등급이 커진다 .

겉보기 등급 – 절대 등급 = 0

별과의 거리가 10 pc 인 별
→ 겉보기 등급 = 절대 등급

겉보기 등급 – 절대 등급 > 0

별과의 거리가 10 pc 보다 멀리 있는 별
→ 별의 위치를 10 pc 의 거리로 가져가면 더 밝게 보이고 별의 등급이 작아진다 .

왼쪽 여백

● 별들의 겉보기 등급과 절대 등급

별	겉보기 등급	절대 등급
태양	− 26.73	4.8
시리우스	− 1.46	1.4
북극성	2.1	− 3.7
베가	0.03	0.5
알타이르	0.77	2.2
데네브	1.25	− 7.2

● 별까지의 거리

별	거리 (LY)
태양	0.0000158
시리우스	8.6
북극성	400
베가	25
알타이르	17
데네브	3,229.35

● 행성들의 겉보기 등급

지구에서 관측할 때 매우 밝게 보이는 천체들은 대부분이 태양계 행성들이다. 그 이유는 행성들이 다른 별들에 비해 지구로부터 매우 가까운 곳에 위치하고 있기 때문이다.

행성	겉보기 등급
수성	− 1.9
금성	− 4.6
화성	− 2.9
목성	− 2.9
토성	− 0.2
천왕성	5.5
해왕성	8.0

● 생각해보기 ★★★
천체 망원경 없이 볼 수 있는 별빛은 몇 광년 정도 떨어져 있는 별의 빛일까?

별의 등급과 그에 대한 설명을 바르게 연결하시오.

(1) 겉보기 등급 •

(2) 절대 등급 •

• ㉠ 모든 별의 거리가 10pc이라고 가정하였을 때의 밝기를 나타낸 등급

• ㉡ 거리에 관계없이 눈에 보이는 밝기를 나타낸 등급

별의 등급과 거리에 대한 설명이다. 빈칸에 들어갈 말을 쓰시오.

별의 거리 지수란 (   )등급에서 (   )등급을 뺀 값이며, 별의 거리 지수가 (㉠ 클수록, ㉡ 작을수록) 가까이 있는 별이다.

4. 별의 표면 온도

(1) 별의 색깔과 표면 온도

별의 색깔						
	파란색	청백색	흰색	황백색	노란색	주황색	붉은색
표면 온도	30,000K 이상	10,000 ~ 30,000K	7,500 ~ 10,000K	6,000 ~ 7,500K	5,200 ~ 6,000K	3,500 ~ 5,200K	3,700K 이하

정답 및 해설 28쪽

(2) 별의 스펙트럼형(분광형)과 표면 온도

① 별의 표면 온도에 따른 흡수 스펙트럼의 흡수선 형태를 이용하여 7가지로 분류
② 별의 색깔을 이용하는 방법보다 조금 더 정확하게 표면 온도를 알 수 있다.

분광형	O	B	A	F	G	K	M
표면 온도	30,000K 이상	10,000 ~ 30,000K	7,500 ~ 10,000K	6,000 ~ 7,500K	5,200 ~ 6,000K	3,500 ~ 5,200K	3,700K 이하

(3) 별의 표면 온도에 따른 분류 : 별의 표면 온도는 눈에 보이는 별의 색깔이나 스펙트럼형을 통해 알 수 있다.

분광형	O	B	A	F	G	K	M
별의 색깔	파란색	청백색	흰색	황백색	노란색	주황색	붉은색
표면 온도	30,000K 이상	30,000 ~ 10,000K	10,000 ~ 7,500K	7,500 ~ 6,000K	6,000 ~ 5,200K	5,200 ~ 3,700K	3,700K 이하
	높다 ←——————————————————→ 낮다						
대표적인 별	민타카 나오스	스피카 레굴루스	시리우스 알타이르	프로키온 북극성	태양 카펠라	아크투루스 알데바란	베텔게우스 안타레스

다음 빈칸에 알맞은 말을 쓰시오.

별의 표면 온도는 별의 (   )(이)나 (   )(을)를 통해 알 수 있다.

다음 중 표면 온도가 가장 높은 별은?

① 흰색으로 보이는 별   ② 노란색으로 보이는 별
③ 주황색으로 보이는 별   ④ 빨간색으로 보이는 별
⑤ 파란색으로 보이는 별

● **절대 온도(K)**

별의 온도 단위는 일반적으로 쓰이는 섭씨 온도(℃)보다 절대 온도(K)를 많이 사용한다.

절대 온도란 이론 상으로 생각할 수 있는 최저 온도인 절대 영도를 기준으로 하는 온도이다.
· 절대 온도(K)
= 섭씨 온도(℃) + 273.15

● **별의 색깔과 표면 온도**

색은 빛의 파장이 짧을수록 파란색을, 길수록 붉은색을 띤다. 파장이 짧은 빛일수록 더 큰 에너지를 가지기 때문에 파란색 일수록 더 많은 에너지를 방출한다. 에너지를 많이 방출하는 별은 그만큼 표면 온도가 높은 별이다.

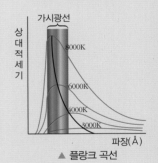

▲ 플랑크 곡선

● **흡수 스펙트럼**

별빛을 프리즘을 통과시키면 연속적인 색의 띠 사이에 검은색의 흡수선이 나타난 스펙트럼을 관찰할 수 있다. 이 검은 선을 흡수 스펙트럼이라고 한다.

흡수선

01 별의 밝기와 등급에 대한 설명으로 옳은 것은?

① 1등급보다 밝은 별은 없다.
② 별의 등급 3등급 간의 밝기 비는 약 3배이다.
③ 각 등급 사이 별의 밝기는 소수점을 이용한 등급으로 나타낸다.
④ 6등급보다 어두운 별들은 6 등급보다 더 작은 등급으로 나타낸다.
⑤ 망원경으로 별을 관측하기 시작하면서부터 별의 밝기를 구분하였다.

02 다음 〈보기〉는 별의 밝기에 영향을 주는 요인들과 관련된 설명이다. 옳은 것만을 있는 대로 고른 것은?

───〈 보기 〉───
ㄱ. 별의 밝기는 별과의 거리에만 영향을 받는다.
ㄴ. 별의 밝기는 눈에 들어오는 별빛의 양에 따라 달라진다.
ㄷ. 별로 부터 거리가 2배, 3배, … 로 늘어나면 별빛이 비추는 전체 면적이 4배, 9배, … 가 되므로 별의 밝기가 밝아진다.

① ㄱ   ② ㄴ   ③ ㄷ   ④ ㄱ, ㄴ   ⑤ ㄴ, ㄷ

03 다음 〈보기〉는 겉보기 등급에 대한 설명이다. 옳은 것만을 있는 대로 고른 것은?

───〈 보기 〉───
ㄱ. 별의 실제 밝기를 나타낸다.
ㄴ. 등급이 작을수록 우리 눈에 밝게 보인다.
ㄷ. 거리에 관계없이 눈에 보이는 밝기를 나타낸다.

① ㄱ   ② ㄴ   ③ ㄷ   ④ ㄱ, ㄴ   ⑤ ㄴ, ㄷ

04 다음 표는 별들의 겉보기 등급과 절대 등급을 나타낸 것이다. 이 별들 중 별의 위치를 $10 \, \text{pc}$ 의 거리로 가져갔을 때 더 밝아지는 별은?

	태양	시리우스	북극성	베가	알타이르
겉보기 등급	− 26.73	− 1.46	2.1	0.03	0.77
절대 등급	4.8	1.4	− 3.7	0.5	2.2

① 태양   ② 시리우스   ③ 북극성
④ 베가   ⑤ 알타이르

05 다음 중 별의 표면 온도가 가장 높은 별은?

① 별의 스펙트럼형이 A 인 별
② 별의 스펙트럼형이 B 인 별
③ 별의 스펙트럼형이 F 인 별
④ 별의 스펙트럼형이 G 인 별
⑤ 별의 스펙트럼형이 K 인 별

06 다음 중 별의 표면 온도가 가장 낮은 별은?

① 파란색의 나오스
② 청백색의 레굴루스
③ 황백색의 프로키온
④ 주황색의 아크투루스
⑤ 붉은색의 베텔게우스

[유형21-1] 별의 밝기와 등급

다음 그림은 별의 등급에 따른 밝기 차이를 나타낸 것이다. 이에 대한 설명으로 옳은 것은?

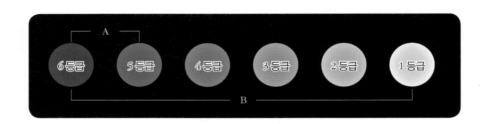

① 1등급보다 더 밝은 별은 없다.
② 6등급보다 더 어두운 별은 없다.
③ 1등급과 6등급 사이의 밝기 비 B는 약 6배이다.
④ 별의 등급 1등급 사이의 밝기 비 A는 약 3배이다.
⑤ 5등급과 6등급 사이의 밝기 비와 1등급과 2등급 사이의 밝기 비는 같다.

Tip!

01 다음 〈보기〉에 있는 별들을 밝은 순서대로 바르게 나열한 것은?

〈 보기 〉

ㄱ. A (-1.0등급)   ㄴ. B (0등급)
ㄷ. C (4.5등급)   ㄹ. D (2등급)

① ㄱ - ㄴ - ㄷ - ㄹ   ② ㄱ - ㄴ - ㄹ - ㄷ
③ ㄱ - ㄷ - ㄹ - ㄴ   ④ ㄷ - ㄹ - ㄴ - ㄱ
⑤ ㄷ - ㄹ - ㄱ - ㄴ

02 1 등급 별보다 40 배 밝은 별은 몇 등급 별인가?

① - 3 등급   ② - 2 등급   ③ 0 등급
④ 2 등급   ⑤ 3 등급

[유형21-2] **별의 밝기와 거리**

똑같은 양의 복사 에너지를 방출하는 별 A, 별 B가 있다. 두 별의 위치는 각각 1.5 pc, 6 pc 관측자와 떨어져 있을 때 두 별의 등급에 대한 설명으로 옳은 것은?

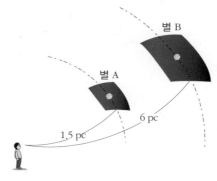

① 별 A가 1등급이라면 별 B는 2등급이다.
② 별 A가 2등급이라면 별 B는 1등급이다.
③ 별 A가 1등급이라면 별 B는 4등급이다.
④ 별 A가 4등급이라면 별 B는 1등급이다.
⑤ 별 A가 3등급이라면 별 B는 4등급이다.

03 다음 중 가장 밝게 보이는 별은?

① 1 pc 떨어져있는 5등급 별
② 2 pc 떨어져있는 3등급 별
③ 3 pc 떨어져있는 1등급 별
④ 4 pc 떨어져있는 2등급 별
⑤ 5 pc 떨어져있는 4등급 별

Tip!

04 밝기가 3등급인 별이 있을 때, 관측자와의 거리가 처음 거리보다 4배로 멀어진다면 몇 등급 별이 될까?

① 2등급   ② 3등급   ③ 4등급
④ 5등급   ⑤ 6등급

[유형21-3] 별의 등급

다음 표는 별의 겉보기 등급과 절대 등급을 나타낸 것이다. 눈으로 볼 때 가장 밝은 별과, 실제로 가장 밝은 별이 바르게 짝지어진 것은?

	태양	아크투루스	리겔	데네브	알데바란	베텔게우스
겉보기 등급	− 26.73	− 0.1	0.1	1.3	0.9	0.8
절대 등급	4.8	− 0.3	− 6.8	− 6.9	− 0.6	− 5.5

	눈으로 볼 때 가장 밝은 별	실제로 가장 밝은 별
①	태양	태양
②	태양	데네브
③	데네브	태양
④	데네브	데네브
⑤	아크투루스	베텔게우스

05 다음 〈보기〉는 절대 등급에 대한 설명이다. 옳은 것을 모두 고른 것은?

〈 보기 〉

ㄱ. 별의 실제 밝기를 비교할 수 있다.
ㄴ. 별이 실제 위치에 있을 때 절대 등급이 작을수록 우리 눈에 밝게 보인다.
ㄷ. 모든 별까지의 거리가 32.6광년이라고 가정하였을 때의 밝기를 나타낸 등급이다.

① ㄱ   ② ㄱ, ㄴ   ③ ㄱ, ㄷ
④ ㄴ, ㄷ   ⑤ ㄱ, ㄴ, ㄷ

06 다음 표는 별의 겉보기 등급과 절대 등급을 나타낸 것이다. 다음 중 10 pc보다 멀리 있는 별을 바르게 짝지은 것은?

	겉보기 등급	절대 등급
태양	− 26.73	4.8
시리우스	− 1.46	1.4
북극성	2.1	− 3.7
베가	0.03	0.5
알타이르	0.77	2.2
데네브	1.25	− 7.2

① 태양, 북극성
② 시리우스, 베가
③ 북극성, 데네브
④ 베가, 알타이르
⑤ 시리우스, 알타이르

[유형21-4] **별의 표면 온도**

다음 사진은 밤하늘에서 가장 밝게 보이는 시리우스이다. 별의 색깔을 통해 알 수 있는 사실은 무엇인가?

① 시리우스의 분광형이 O형임을 알 수 있다.
② 시리우스의 내부 구조가 기체로 되어 있음을 알 수 있다.
③ 시리우스의 표면 온도가 7,500 ~ 10,000 K 사이임을 알 수 있다.
④ 시리우스의 겉보기 등급이 절대 등급보다 작은 것을 알 수 있다.
⑤ 시리우스까지 거리가 10 pc보다 작은 별임을 알 수 있다.

07 다음 중 별의 분광형을 온도가 낮은 순서대로 바르게 배열한 것은?

① A - B - F - G - K - M - O
② B - A - F - G - O - M - K
③ F - G - K - M - O - B - A
④ M - K - G - F - A - B - O
⑤ O - B - A - F - G - K - M

08 다음 〈보기〉는 별의 색깔을 나타낸 것이다. 다음 중 표면 온도가 높은 순서대로 바르게 배열한 것은?

〈 보기 〉

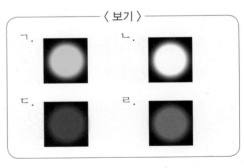

① ㄱ - ㄴ - ㄷ - ㄹ
② ㄴ - ㄷ - ㄹ - ㄱ
③ ㄷ - ㄴ - ㄱ - ㄹ
④ ㄹ - ㄱ - ㄴ - ㄷ
⑤ ㄱ - ㄷ - ㄴ - ㄹ

01 별의 겉보기 등급은 맨눈으로 별을 관찰하였을 때 눈에 보이는 밝기를 나타내는 등급이다. 하지만 별의 밝기는 날씨나 장소, 시간에 따라 같은 별이라도 밝기가 다르게 보이게 된다. 그렇다면 겉보기 등급을 1등급부터 6등급까지 정하기 위해서는 어떤 방법을 써야 할까? 스스로의 분류 방법을 서술하시오.

〈히파르코스와 별의 겉보기 등급〉

02 별빛은 지구에 있는 관측자의 눈에 도달하기까지 우주 공간에 있는 성간 물질에 의해 대부분이 흡수되고 남은 별빛만이 눈으로 들어온다.

절대 등급이 -3.2 등급이고, 겉보기 등급이 $+1.8$ 등급인 별이 있다. 이 별의 밝기가 성간 물질에 의해 실제 밝기보다 $\dfrac{1}{100}$ 로 어두워진 것이라고 한다면, 이 별까지의 거리는 몇 pc 인지 이유와 함께 서술하시오.

03 별은 거리가 멀수록 어둡고, 뜨거운 별이 차가운 별보다 더 밝다. 하지만 같은 표면 온도와 같은 거리에 위치한 별이더라도 별의 크기에 따라 별의 밝기는 달라진다. 별의 총 밝기는 그 크기에 비례하는 것이다. 즉, 두 별의 온도가 같다면 큰 별이 더 밝고, 두 별의 밝기가 같다면 온도가 낮은 별이 더 클 것이다. 다음 표는 별들의 밝기 등급과 표면 온도를 나타낸 것이다.

	겉보기 등급	절대 등급	표면 온도 (K)
시리우스	− 1.47	1.42	8858
프로키온	0.37	2.65	6800
아크투루스	− 0.07	− 0.33	4106
스피카	0.96	− 3.57	20369

(1) 위의 별들 중 가장 가까이 있는 별과 가장 멀리 있는 별의 이름과 함께 그 이유를 서술하시오.

(2) 각각의 별의 분광형과 별의 색깔을 쓰시오.

(3) 프로키온과 아크투루스의 별의 크기를 비교하고, 그 이유를 서술해 보시오.

04 별의 밝기는 눈에 들어오는 별빛의 양에 따라 달라진다. 별의 밝기에 영향을 주는 대표적인 요인으로는 별까지의 거리이다.

별까지의 거리뿐만 아니라 보통 파장에 따라서도 별의 밝기는 다르게 나타난다. 우리 눈은 노란색 근처 파장의 빛에 민감하게 반응하지만 사진기는 파란색 근처 파장의 빛에 더 민감하게 반응한다. 그러므로 눈으로 보는 별의 밝기와 사진 관측에 의한 별의 밝기는 서로 다르게 된다.

맨눈으로 측정한 별의 등급을 안시 등급, 사진으로 측정한 별의 등급을 사진 등급이라고 하며, 사진 등급과 안시 등급의 차이(사진 등급 - 안시 등급)를 색지수(color index)라고 한다. 색지수는 거리와는 상관없이 별의 표면 온도에 의해서만 결정된다.

(1) 고온의 별과 저온의 별에서의 색지수를 비교하시오.(안시 등급과 사진 등급도 숫자가 작을수록 밝은 별이다.)

(2) 별의 색이 흰색인 분광형 A 인 별의 색지수는 어떻게 될까?

(3) 분광형이 M 형인 별을 붉은색 필터를 이용하여 사진 촬영을 하였다. 파란색 필터로 촬한 빛의 밝기와 어떤 차이를 보일지 특징을 서술하시오.

A

01 다음 설명에 알맞은 단어를 고르시오.

> 별의 밝기는 등급 숫자가 (㉠ 클수록 ㉡ 작을수록) 밝은 별이다.

02 다음 설명에 알맞은 단어를 고르시오.

> 별의 등급 1 등급 간의 밝기 비는 약 (㉠ 1배 ㉡ 1.5배 ㉢ 2배 ㉣ 2.5배)이다.

03 다음 설명에 알맞은 단어를 고르시오.

> 별의 밝기는 거리가 (㉠ 가까울 ㉡ 멀)수록, 별이 방출하는 복사 에너지의 양이 (㉠ 적을 ㉡ 많을)수록 밝다.

04 별의 밝기에 대한 설명으로 옳은 것은 O표, 옳지 않은 것은 X표 하시오.

(1) 1 등급보다 1 등급 밝은 별은 -1 등급이다.
( )

(2) 별을 망원경으로 관측하기 시작하면서 등급의 체계가 확장되었다.
( )

(3) 사람이 보는 별의 밝기는 눈으로 들어오는 빛의 양에 따라 달라진다.
( )

05 별과의 거리가 3 배가 멀어지면 별의 밝기는 처음 밝기의 몇 배가 되겠는가?

( )배

06 겉보기 등급에 대한 설명에는 '겉', 절대 등급에 대한 설명에는 '절'을 쓰시오.

(1) 지구에서 보았을 때 눈에 보이는 밝기를 나타낸 등급이다.
( )

(2) 별의 실제 밝기를 알 수 없다.
( )

(3) 등급이 작을수록 실제로 밝다.
( )

07 다음 빈칸에 알맞은 말을 쓰시오.

> 별의 등급 중 별까지의 거리를 ( )광년으로 놓았을 때의 밝기를 나타낸 등급은 별의 실제 밝기를 나타낸다.

08 10 pc의 거리에 있는 별의 겉보기 등급이 1등급이다. 이 별의 절대 등급은 몇 등급인가?

( )등급

09 다음 빈칸에 알맞은 말을 쓰시오.

> 별의 표면 온도에 따른 흡수 스펙트럼의 흡수선
> 의 형태를 이용하여 7 가지로 분류한 것을 별의
> (   )이라고 한다.

10 다음 〈보기〉에서 별의 표면 온도가 가장 높을 때
의 별의 색깔과 가장 낮을 때의 별의 색깔을 순
서대로 쓰시오.

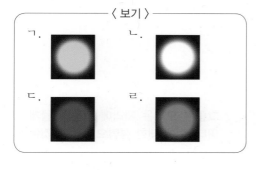

〈 보기 〉
ㄱ.   ㄴ.
ㄷ.   ㄹ.

(,   )

B

11 다음 설명에 해당하는 단어를 쓰시오.

> 별의 밝기를 나타내는 방법으로 일정한 범위의 등
> 급 내에서 자연수로 별의 밝기를 나타낸 것이다.

(   )

12 3 등급 별과 5 등급 별의 밝기 차이는 몇 배인가?

① 2 배   ② 6.3 배   ③ 10 배
④ 40 배   ⑤ 100 배

13 다음 설명에 알맞은 단어를 고르시오.

> 별의 밝기와 (별까지의 거리)²은 (㉠ 정비례 ㉡ 반
> 비례) 관계이다.

14 별의 밝기 등급이 6등급이던 별이 관측자와의 거
리만 변하여 1등급이 되었다면 별과 관측자와의
거리는 어떻게 변한 것일까?

① 처음 거리의 2배로 멀어졌다.

② 처음 거리의 $\frac{1}{2}$ 배로 가까워졌다.

③ 처음 거리의 10배로 멀어졌다.

④ 처음 거리의 $\frac{1}{10}$ 배로 가까워졌다.

⑤ 처음 거리의 100배로 멀어졌다.

15 다음 빈칸에 알맞은 말을 쓰시오.

> 별과의 거리가 10 pc 보다 가까이 있는 별의 위치
> 를 10 pc 의 거리로 가져가면 더 (㉠ 밝게 ㉡ 어둡
> 게) 보이고, 별의 등급이 (㉠ 커진다 ㉡ 작아진다).

16 다음 빈칸에 알맞은 말을 쓰시오.

( ) = 겉보기 등급 − 절대 등급

17 아크투루스의 겉보기 등급은 −0.1 등급, 알데바란의 겉보기 등급은 0.9 이다. 어느 별이 몇 배 더 밝게 보이겠는가?

	밝은 별	배수
①	아크투루스	1 배
②	아크투루스	2.5 배
③	아크투루스	6.3 배
④	알데바란	2.5 배
⑤	알데바란	16 배

18 다음 그림은 지구로부터 일정한 거리에 떨어져 있는 별들을 나타낸 것이다. 이에 대한 설명으로 옳은 것은?

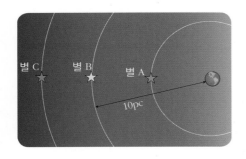

① 별 A의 겉보기 등급은 절대 등급보다 크다.
② 별 A를 별 B의 위치로 옮기면 더 밝게 보인다.
③ 별 B의 절대 등급과 겉보기 등급은 같다.
④ 별 C의 겉보기 등급은 절대 등급과 같다.
⑤ 별 C를 별 B의 위치로 옮기면 별의 등급이 더 커진다.

19 별의 표면 온도에 대한 설명으로 옳은 것은?

① 표면 온도가 30,000 K 이상인 별의 색깔은 흰색이다.
② 별의 분광형이 M형인 별의 표면 온도는 3,700 K 이하이다.
③ 별의 색깔을 이용하는 방법이 가장 정확하게 별의 표면 온도를 알 수 있는 방법이다.
④ 별의 색깔이 파란색 - 붉은색 - 흰색 - 노란색 - 주황색 순으로 별의 표면 온도가 낮다.
⑤ 별의 표면 온도에 따른 연속 스펙트럼을 이용하여 7 가지로 분류한 방법이 별의 분광형이다.

20 그림은 오리온 자리에 있는 베텔게우스와 리겔이다. 이에 대한 설명으로 옳은 것은?

① 파란색의 리겔의 분광형은 M 형이다.
② 붉은색의 베텔게우스의 분광형은 G 형이다.
③ 베텔게우스가 리겔보다 지구에서 더 멀리 떨어져 있다.
④ 사진만을 이용해서는 별의 표면 온도를 짐작하기 어렵다.
⑤ 파란색의 리겔이 붉은색의 베텔게우스보다 표면 온도가 높다.

21 별의 밝기와 관련된 설명으로 옳은 것은?

① 겉보기 등급이 −1 등급인 별은 겉보기 등급이 1 등급인 별보다 더 어둡게 보인다.

② 겉보기 등급이 −1.0 등급, 절대 등급이 1.0 인 별과의 거리는 10 pc 보다 가깝다.

③ 절대 등급이 1.4 등급인 별의 거리가 절반으로 가까워지면 절대 등급이 0.4 등급이 된다.

④ 겉보기 등급이 1.5 등급인 별의 거리가 3 배 멀어지면 겉보기 등급이 3 등급이 된다.

⑤ 겉보기 등급이 −1 등급인 별의 거리가 4 배 멀어지면 겉보기 등급이 −4 등급이 된다.

22 다음 표는 별의 겉보기 등급과 절대 등급을 나타낸 것이다. 다음 중 지구와 별과의 거리가 가장 가까운 별은?

	겉보기 등급	절대 등급
시리우스	− 1.46	1.4
북극성	2.1	− 3.7
베가	0.03	0.5
알타이르	0.77	2.2
데네브	1.25	− 7.2

① 시리우스　　② 북극성
③ 알타이르　　④ 베가
⑤ 데네브

23 다음 표는 별의 연주 시차와 별의 등급을 나타낸 것이다. 이에 대한 설명으로 옳은 것은?

	별 A	별 B	별 C
연주 시차(″)	0.05	0.1	0.2
겉보기 등급	㉠	2.5	㉢
절대 등급	− 1	㉡	0.5

① ㉠은 −1보다 큰값이다.
② 별의 실제 밝기는 별 C가 가장 밝다.
③ 별 A가 관측자와의 거리가 가장 가깝다.
④ 맨눈으로 별을 관측했을 때 별 A가 가장 밝다.
⑤ 별 C의 위치를 10 pc의 거리로 가져가면 더 밝게 보이고 별의 등급이 작아진다.

24 다음 중 별의 표면 온도가 가장 높은 별은?

① 분광형이 F 인 북극성
② 분광형이 K 인 알데바란
③ 별의 색깔이 황백색인 프로키온
④ 별의 색깔이 청백색인 레굴루스
⑤ 별의 색깔이 주황색인 아크투루스

25 다음 표는 별의 표면 온도에 따른 분류이다. 이에 대한 설명으로 옳은 것은?

분광형	M	㉠	A	㉡
별의 색깔	㉢	노란색	㉣	파란색
표면 온도	ⓐ ←			→ ⓑ

① ㉠은 K 형이다.
② ㉡은 B 형이다.
③ ㉢은 붉은색이다.
④ ㉣은 주황색이다.
⑤ ⓐ는 높은 온도 ⓑ는 낮은 온도이다.

26 겉보기 등급이 6 등급인 별 40 개가 모여있는 별의 무리가 있다. 이 무리의 겉보기 등급은 몇 등급일지 서술하시오.

27 별이 방출하는 복사 에너지의 양이 같을 때 별과 관측자와의 거리가 멀어질수록 관측자가 관찰하는 별의 밝기가 어두워지는 이유를 서술하시오.

29 만약 토성에서 태양을 본다면 지구에서 태양을 볼 때와 겉보기 등급, 절대 등급은 어떤 차이를 보일지 서술하시오.

28 북극성은 겉보기 등급이 2.1 등급이고 절대 등급이 −3.7 등급이다. 이를 참고로 하여 북극성과 지구와의 거리를 10 pc 를 기준으로 설명하시오.

30 태양은 표면 온도가 6,000 ℃이다. 이를 통해 알 수 있는 별의 색깔과 분광형에 대하여 서술하시오.

정답 및 해설 31쪽

창의력 서술

[31~33] 다음의 표는 별들의 색과 등급을 나타낸 것이다.

별	색	겉보기 등급	절대 등급
스피카	청색	1.2	-2.2
시리우스	백색	-1.5	1.4
태양	황색	-26.8	4.8
크리거 60	적색	9.8	11.7

31 위 별들 중에서 표면 온도가 가장 높은 별은 어느 것인가? 또 그렇게 생각하는 이유는 무엇인지 쓰시오.

32 지구에서 볼 때 가장 어둡게 보이는 별은 어느 별인가? 또 그렇게 생각하는 이유는 무엇인지 쓰시오.

33 지구로부터 가장 멀리 떨어져 있는 별은 어느 별인가? 또 그렇게 생각하는 이유는 무엇인지 쓰시오.

22강. 은하와 우주

1. 우리은하   2. 성단과 성운   3. 외부 은하   4. 우주 팽창

1. 우리은하

(1) **은하** : 수많은 별들과 가스, 먼지, 성간 물질로 이루어진 거대한 집합체(집단)

(2) **우리은하** : 태양계가 속해 있는 은하

▲ 위에서 본 우리 은하의 모습

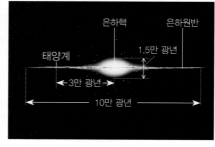

▲ 옆에서 본 우리 은하의 모습

모양	· 위에서 본 모습 : 막대 모양의 중심부에서 나선팔이 소용돌이 모양으로 휘감고 있음 · 옆에서 본 모습 : 중심부만 볼록한 납작한 원반 모양
크기	원반의 지름 = 약 10만 광년 , 원반의 두께 = 약 1.5만 광년
특징	· 태양계의 위치 : 우리은하 중심부에서 약 3 만 광년 떨어진 나선팔에 위치 · 태양계에서 관측할 때 : 우리은하의 중심은 궁수자리 방향에 위치 · 포함하고 있는 별의 개수 : 태양과 같은 별 약 2,000 억개

(3) **은하수** : 지구에서 바라본 우리은하의 일부로 맑은 날 밤하늘을 가로지르는 띠 모양의 무수히 많은 별들의 집단

① 우리은하 중심 방향인 궁수자리 쪽에서 폭이 가장 넓고 밝게 보인다.

② 여름철이 겨울철보다 폭이 더 넓고 밝게 보인다.

▲ 여름철 은하수

왼쪽 여백

● **은하핵**

우리은하 중심부인 은하핵에는 늙고 오래된 별들이 공 모양으로 밀집되어 있다. 이곳에는 거대한 블랙홀이 있을 것으로 예상하고 있으며 질량이 태양 질량의 약 300만 배에 이를 것으로 추정하고 있다.

● **나선팔**

우리은하는 은하 중심의 막대에서 시작되는 2개의 주요 팔(페르세우스 팔, 방패자리 팔)을 가지고 있으며, 나머지는 작거나 부가적인 팔들이다. 태양계는 이 중 오리온자리 팔에 위치하고 있다.

● **헤일로(halo)**

우리은하 원반 주위를 둥근 타원체 모양으로 둘러싸고 있는 부분을 헤일로라고 한다. 지름은 약 20만 광년이다.

● **우리은하의 구성**

우리은하는 약 2천억 개의 별과 성운, 성단, 별과 별 사이에 있는 성간 물질로 구성되어 있다.

● **생각해보기★**

은하수는 북반구와 남반구에서 모두 관측할 수 있을까? 또한 여름철이 겨울철보다 폭이 더 넓고 밝게 보이는 이유는 무엇일까?

미니사전

성간 물질 [星 별 間 사이 −物質] 별과 별 사이에 있는 밀도가 매우 희박한 물질. 수소, 헬륨 등의 가스나 작은 먼지와 같은 물질

 다음 빈칸에 알맞은 말을 쓰시오.

개념확인 1

> 수많은 별들과 가스, 먼지, 성간 물질로 이루어진 거대한 집합체를 (   )라고 하며, 태양계가 속해 있는 은하는 (   )라고 한다.

 우리은하에서 늙고 오래된 별들이 공 모양으로 밀집되어 있는 곳은?

확인 +1

① 나선팔   ② 은하핵   ③ 헤일로
④ 태양계   ⑤ 은하 원반

2. 성단과 성운

(1) 성단 : 비슷한 시기에 태어난 많은 별들이 모여 무리를 이루고 있는 것으로, 별들이 모여 있는 모양에 따라 구분한다.

		구상 성단	산개 성단
모습		공 모양	일정한 모양이 없다
별	개수	수만 ~ 수십만 개로 많다	수십 ~ 수만 개로 적다
	나이	많다	적다
	온도	낮다	높다
	색	붉은색	파란색
분포 위치		은하핵 (은하 중심부), 헤일로	나선팔

(2) 성운 : 별과 별 사이에 성간 물질이 모여 구름처럼 보이는 것으로, 우리은하 내에서는 주로 은하 원반(나선팔)에 분포하며, 별이 태어나는 장소가 된다.

	방출 (발광) 성운	반사 성운	암흑 성운
모습			
특징	성간 물질이 성운 내부에 있는 밝은 별에서 나오는 강한 빛을 흡수하여 가열되면서 스스로 빛을 내는 성운 → 주로 붉은색	성간 물질이 성운 주변의 별빛을 반사하여 밝게 보이는 성운 → 주로 파란색	성간 물질이 밀집되어 있어 뒤에서 오는 별빛을 차단하고 흡수하여 어둡게 보이는 성운 → 주로 검은색

정답 및 해설 33쪽

은하를 구성하고 있는 천체와 그에 대한 설명을 바르게 연결하시오.

개념확인 2

(1) 성운 •   • ㉠ 별들이 모여 무리를 이루고 있는 것

(2) 성단 •   • ㉡ 별과 별 사이에 성간 물질이 모여 구름처럼 보이는 것

확인 +2

주로 은하 중심부에 분포하는 것은?

① 구상 성단   ② 산개 성단   ③ 방출 성운
④ 반사 성운   ⑤ 암흑 성운

우리은하에서 성단의 위치
· 구상 성단 : 주로 우리은하 중심부나 우리은하를 둘러싸고 있는 구(헤일로) 안에 고르게 분포
· 산개 성단 : 주로 우리은하의 나선팔 영역에 분포

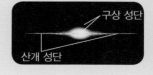

성운의 구분
성운은 겉으로 보기에 따라 밝게 보이는 밝은 성운(방출 성운, 반사 성운)과, 어둡게 보이는 암흑 성운으로 나눌 수 있다.

부메랑 성운(반사 성운)의 모습

생각해보기 ★★
구상 성단이 공모양으로 이루어진 이유는 무엇일까?

미니사전
구상 [球 공 狀 형상] 공 모양

산개 [散 흩다, 흩어지다 開 열리다] 여럿으로 흩어져서 벌리다

22강. 은하와 우주 **141**

3. 외부 은하

(1) 외부 은하 : 우리은하 밖에 존재하는 수많은 은하들

① 우주 공간에 있는 외부 은하의 수는 약 1,000억 개 이상 존재한다.

② 크기와 모양이 다양하고, 지구로부터의 거리도 각각 다르다.

(2) 외부 은하의 분류 : 20세기 초 허블에 의한 은하의 모양에 따른 분류

	타원 은하	불규칙 은하
모습	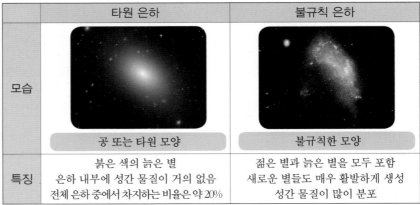공 또는 타원 모양	불규칙한 모양
특징	붉은 색의 늙은 별 은하 내부에 성간 물질이 거의 없음 전체 은하 중에서 차지하는 비율은 약 20%	젊은 별과 늙은 별을 모두 포함 새로운 별들도 매우 활발하게 생성 성간 물질이 많이 분포

	나선 은하	
	정상 나선 은하	막대 나선 은하
모습	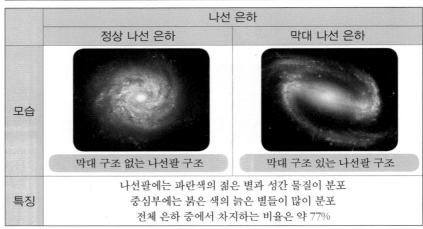막대 구조 없는 나선팔 구조	막대 구조 있는 나선팔 구조
특징	나선팔에는 파란색의 젊은 별과 성간 물질이 분포 중심부에는 붉은 색의 늙은 별들이 많이 분포 전체 은하 중에서 차지하는 비율은 약 77%	

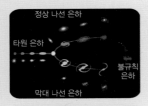

● 허블의 은하 분류

정상 나선 은하

타원 은하

불규칙 은하

막대 나선 은하

● 허블의 은하 분류

모양에 따라 크게 타원 은하(E), 정상 나선 은하(S), 막대 나선 은하(SB), 렌즈형 은하(S0), 불규칙 은하(Irr)로 구분하였다. 타원 은하는 타원의 찌그러진 정도에 따라 E0 ~ E7로 구분한다.

● 은하군

은하들이 수십 개가 모여 있는 은하의 집단을 말한다. 은하군이 모여 은하단을 이루며, 은하단이 모여서 초은하단을 구성한다.

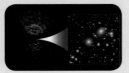

▲ 초은하단과 은하단

우리은하는 국부 은하군이라는 곳에 포함된다. 국부 은하군에는 안드로메다은하, 마젤란은하 및 몇 개의 타원 은하가 포함되어 있다.

● 안드로메다 은하

지구로부터 약 200만 광년 떨어진 안드로메다 은하는 우리은하와 유사한 특징이 많은 나선 은하로 우리나라에서도 맨눈으로 볼 수 있다.

 개념확인 3

다음 빈칸에 알맞은 말을 쓰시오.

우리은하 밖에 존재하는 수많은 은하들을 (   )라고 한다. 크기와 모양, 지구로부터의 거리도 모두 다르다.

확인 +3

은하의 모양에 따라 분류한 것이 <u>아닌</u> 것은?

① 타원 은하　　　　② 불규칙 은하　　　　③ 정상 나선 은하

④ 우리은하　　　　⑤ 막대 나선 은하

4. 우주 팽창

(1) 별의 움직임에 따른 스펙트럼 변화(도플러 효과)

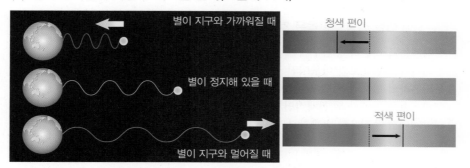

별이 지구로부터 가까워질 때 (청색 편이)	별이 지구에서 멀어질 때 (적색 편이)
별빛의 파장이 원래의 파장보다 짧아지고, 스펙트럼의 흡수선은 청색 쪽으로 치우친다.	별빛의 파장이 원래의 파장보다 길어지고, 스펙트럼의 흡수선은 적색 쪽으로 치우친다.

(2) 우주 팽창 : 수많은 은하들은 서로 멀어지고 있기 때문에 팽창하고 있는 우주의 중심은 없다.

외부 은하에서 오는 빛의 스펙트럼을 분석해보면 대부분 적색 편이가 나타난다.	→	외부 은하가 우리은하로부터 멀어지고 있다. → 우주가 팽창하고 있다.
우리은하와 멀리 있는 은하일수록 적색 편이가 크게 나타난다.	→	우리은하와 멀리있는 은하일수록 더 빠른 속도로 멀어진다. → 허블 법칙

(3) 대폭발(빅뱅)이론 : 약 137억 년 전 우주가 모든 물질과 에너지가 모인 매우 높은 온도와 압력을 가진 하나의 점(특이점)상태에서 대폭발이 일어나면서 계속 팽창하여 지금과 같은 우주가 형성되었다라는 이론이 대폭발(빅뱅)이론이다.

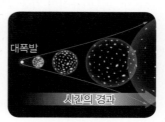

▲ 대폭발(빅뱅) 이론 모형

정답 및 해설 33쪽

개념확인 4

별의 움직임에 따른 스펙트럼 변화에 대한 설명이다. 빈칸에 알맞은 말을 고르시오.

> 별이 지구와 가까워질 때 별빛의 파장은 원래 파장보다 (㉠ 짧아지고, ㉡ 길어지고) 스펙트럼의 흡수선은(㉠ 청색, ㉡ 적색)쪽으로 치우친다.

확인 + 4

약 137억년 전 우주는 모든 물질과 에너지가 하나의 점 상태였다가 대폭발이 일어나면서 계속 팽창하여 지금과 같은 우주가 형성되었다는 이론은 무엇인가?

(   )

● 간단실험
우주 팽창 모형 알아보기

① 풍선에 스티커를 일정한 간격으로 붙인다.
② 풍선을 불면서 스티커 사이의 간격 변화를 관찰해 본다.

● 도플러 효과

소리나 빛을 내는 물체가 관측자를 기준으로 관측자와 가까워질 때는 파장이 짧게 관측이 되고, 멀어질 때는 파장이 길게 관측되는 현상

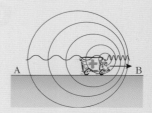

· A지점 관측자 : 구급차가 멀어지고 있기 때문에 파장이 길어지고, 낮은 음으로 들린다.
· B지점 관측자 : 구급차가 가까워지고 있기 때문에 파장이 짧아지고, 높은 음으로 들린다.

● 허블 법칙

1929년 허블은 외부 은하의 거리와 적색 편이량을 측정하였다. 이를 바탕으로 외부 은하들의 거리에 비례하여 멀어지는 속도(후퇴 속도)가 커진다는 것을 알아냈다. 이를 허블 법칙이라고 하며, 식으로 나타내면 다음과 같다.

$$V = Hr$$

V : 후퇴 속도
H : 허블 상수
r : 외부 은하까지의 거리

미니사전

편이 [偏 치우치다 移 옮기다] 치우쳐 이동하다

01 우리은하에 대한 설명으로 옳은 것은?

① 태양계는 우리은하 중심부에 위치해 있다.
② 우리은하는 별들로만 이루어진 집합체이다.
③ 우리은하의 전체적인 모습은 막대 모양이다.
④ 우리은하를 옆에서 본 전체적인 모습은 타원 모양이다.
⑤ 태양계에서 우리은하를 관찰하면 우리은하의 중심부는 궁수자리 방향에 위치한다.

02 은하수에 대한 설명으로 옳은 것만을 〈보기〉에서 있는 대로 고른 것은?

〈 보기 〉

ㄱ. 지구에서 바라본 우리은하의 일부이다.
ㄴ. 날씨에 상관없이 밤하늘에서 언제든지 볼 수 있다.
ㄷ. 여름철이 겨울철보다 폭이 더 넓고 밝게 보인다.

① ㄱ   ② ㄱ, ㄴ   ③ ㄴ, ㄷ
④ ㄱ, ㄷ   ⑤ ㄱ, ㄴ, ㄷ

03 산개 성단에 대한 설명으로 옳은 것은?

① 공모양이다.
② 별의 표면 온도가 낮다.
③ 주로 나선팔에 위치한다.
④ 나이가 많은 붉은 색 별들의 무리이다.
⑤ 별이 수만 - 수십만 개로 많이 모여 있다.

정답 및 해설 **33쪽**

04 허블에 의한 은하의 분류 기준은 무엇인가?

① 은하의 구성 물질 ② 은하의 생성 시기
③ 은하의 생긴 모양 ④ 은하의 구성 별들의 수
⑤ 은하의 전체적인 색깔

05 오른쪽 그림은 은하의 모습이다. 이 은하에 대한 설명으로 옳은 것은?

① 늙은 별들만 모여 있는 은하이다.
② 은하 내부에 성간 물질이 거의 없다.
③ 젊은 별과 늙은 별을 모두 포함하고 있다.
④ 막대 구조가 있는 나선팔 구조의 은하이다.
⑤ 새로운 별들이 매우 활발하게 생성되는 은하이다.

06 우주 팽창과 관련된 설명으로 옳은 것은?

① 태양계를 중심으로 은하들이 서로 멀어지고 있다.
② 우리은하와 멀리 있는 은하일수록 더 느린 속도로 멀어진다.
③ 우리은하와 가까이 있는 은하일수록 적색 편이가 크게 나타난다.
④ 외부 은하에서 오는 빛의 스펙트럼을 분석해보면 대부분 청색 편이가 나타난다.
⑤ 수많은 은하들은 서로 멀어지고 있기 때문에 팽창하고 있는 우주의 중심은 없다.

[유형22-1] 우리은하

다음 그림은 우리은하의 모습을 위에서 본 모습 (가)와 옆에서 본 모습 (나)를 나타낸 것이다. 이에 대한 설명으로 옳은 것은?

(가)   (나)

① 원반의 두께는 약 3만 광년이다.
② 원반의 반지름은 약 10만 광년이다.
③ ㉠은 은하핵, ㉡은 나선팔이라고 한다.
④ 우리은하에 있는 태양과 같은 별은 1개뿐이다.
⑤ 태양계는 은하 중심부에서 약 3만 광년 떨어진 나선팔에 위치한다.

01 다음 중 우리은하의 모습과 그곳에 위치한 태양계의 위치가 바르게 표시된 것은?

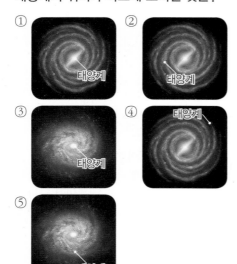

① 태양계
② 태양계
③ 태양계
④ 태양계
⑤ 태양계

02 다음 그림은 은하수이다. 이에 대한 설명으로 옳은 것은?

① 은하수는 북반구에서만 관측할 수 있다.
② 띠 모양의 무수히 많은 별들의 집단이다.
③ 은하 중심에서 바라본 태양계의 모습이다.
④ 겨울철 맑은 날에 여름철보다 더 폭이 넓고 밝게 보인다.
⑤ 우리은하의 나선팔 방향인 궁수자리 쪽에서 폭이 가장 넓고 밝게 보인다.

[유형22-2] 성단과 성운

다음 그림은 우리은하를 옆에서 본 모습이다. A에 주로 위치한 성단에 대한 설명으로 옳은 것만을 〈보기〉에서 있는 대로 고른 것은?

―〈 보기 〉―

ㄱ. 일정한 모양이 없다.
ㄴ. 수만 ~ 수십 만개의 많은 별이 모여 있다.
ㄷ. 나이가 적은 파란색 별들이 모여 무리를 이루고 있다.

① ㄱ ② ㄱ, ㄴ ③ ㄱ, ㄷ ④ ㄴ, ㄷ ⑤ ㄱ, ㄴ, ㄷ

03 성운과 성단에 대한 설명으로 옳은 것은?

① 성단은 별이 태어나는 장소가 된다.
② 구상 성단은 붉은색을 띠는 공모양이다.
③ 산개 성단은 주로 우리은하의 헤일로 안에 고르게 분포하고 있다.
④ 별과 별 사이에 성간 물질이 모여 구름처럼 보이는 것을 성단이라고 한다.
⑤ 비슷한 시기에 태어난 별들이 모여 무리를 이루고 있는 것을 성운이라고 한다.

04 다음 그림과 같은 성운에 대한 설명으로 옳은 것은?

① 스스로 빛을 내는 성운이다.
② 별이 소멸되는 장소가 된다.
③ 별들이 모여 구름처럼 보이는 것이다.
④ 주로 우리은하의 중심부에 위치하고 있다.
⑤ 성운 주변의 별빛을 반사하여 밝게 보이는 성운이다.

[유형22-3] 외부 은하

다음 그림은 허블에 의해 외부 은하가 분류된 모습이다. 이에 대한 설명으로 옳은 것은?

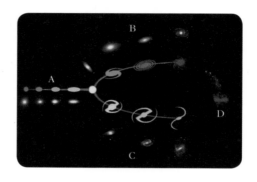

① 우리은하는 A로 분류된다.
② A는 은하 내부에 성간 물질이 많이 분포하고 있다.
③ B의 나선팔에는 붉은색의 늙은 별들이 많이 분포하고 있다.
④ C의 중심부에는 파란색의 젊은 별들이 많이 분포하고 있다.
⑤ D는 새로운 별들도 매우 활발하게 생성되어 젊은 별과 늙은 별을 모두 포함하고 있다.

05
다음 그림은 은하의 모습이다. 이 은하에 대한 설명으로 옳은 것은?

① 나선 은하라고 한다.
② 우리은하의 모습이다.
③ 은하 내부에 성간 물질이 거의 없다.
④ 새로운 별들이 매우 활발하게 생성되는 은하이다.
⑤ 전체 은하 중에서 차지하는 비율이 약 77 % 이다.

06
다음 그림은 은하를 분류하는 것이다. 각 기호에 들어갈 은하를 바르게 짝지은 것은?

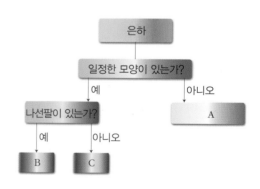

	A	B	C
①	타원 은하	불규칙 은하	나선 은하
②	나선 은하	타원 은하	불규칙 은하
③	불규칙 은하	나선 은하	타원 은하
④	불규칙 은하	타원 은하	나선 은하
⑤	타원 은하	나선 은하	불규칙 은하

[유형22-4] **우주 팽창**

다음 그림은 별과 지구와의 거리 변화에 따른 스펙트럼 변화를 나타낸 것이다. 이에 대한 설명으로 옳지 **않은** 것은?

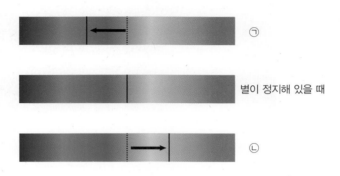

㉠

별이 정지해 있을 때

㉡

① 도플러 효과를 이용하여 설명할 수 있다.
② ㉠은 별이 지구와 가까워지는 상태인 청색 편이이다.
③ ㉡은 별이 지구에서 멀어지는 상태인 적색 편이이다.
④ ㉡을 이용하여 우주가 팽창하고 있다는 사실을 알 수 있다.
⑤ 별이 지구와 가까워질 때 별빛의 파장은 원래의 파장보다 길어진다.

07 다음 그림은 우주 팽창 모형을 나타낸 것이다. 이와 관련된 설명으로 옳은 것은?

① 풍선은 은하를 의미한다.
② 풍선 위의 스티커 중 가장 가운데에 있는 스티커를 중심으로 팽창하고 있다.
③ 지구에서 점점 멀어지고 있는 별들의 파장은 원래의 파장보다 짧아지고 있다.
④ 지구에서 점점 멀어지고 있는 별들의 스펙트럼을 분석해보면 청색 편이가 나타난다.
⑤ 풍선 위의 스티커의 간격이 점점 멀어지는 것처럼 은하 사이의 거리도 점점 멀어지고 있다.

08 다음 그림은 별이 지구를 기준으로 이동하고 있는 모습을 나타낸 것이다. 각각의 경우에 나타나는 스펙트럼 변화를 바르게 짝지은 것은?

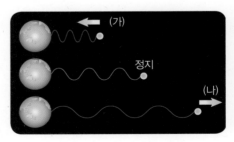

	(가)	(나)
①	적색 편이	황색 편이
②	청색 편이	백색 편이
③	적색 편이	청색 편이
④	청색 편이	적색 편이
⑤	백색 편이	황색 편이

01 다음 그림은 1784년 윌리엄 허셜이 주장한 우리은하의 모양이다.

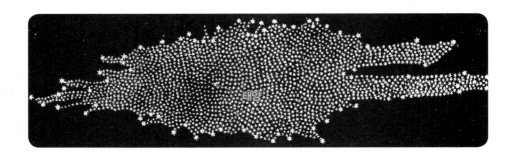

허셜은 하늘을 여러 구역으로 나눈 다음 반사 망원경을 이용하여 각 구역의 하늘에 있는 별을 세어 태양 주위에 있는 별의 분포를 밝혔다. 별을 셀 때 별의 광도가 모두 같다고 가정하여 밝은 별은 가까이에 있고, 어두운 별은 멀리 있다고 분석하여 별의 거리를 구하였다. 이를 토대로 하여 허셜은 우리은하는 볼록한 원반 모양이고, 원반의 중앙에 태양이 위치해 있음을 제시하였다. 이를 참고로 하여 현재 밝혀진 우리은하와의 차이에 대하여 서술하시오.

정답 및 해설 **35쪽**

02 오른쪽 사진은 맑은 날 궁수 자리 부근에 보이는 은하수이다. 궁수 자리 쪽에서 가장 폭이 넓고 밝게 보이는 이유는 우리은하 중심방향을 바라보고 있기 때문이다. 하지만 은하수의 중심 부근을 보면 검은 띠가 은하수를 가로지르고 있는 것처럼 보인다. 그 이유에 대하여 서술하시오.

03 맑은 날 하늘은 매우 파랗다. 하늘이 파란 이유는 대기 중에 떠 있는 기체 분자들에 태양빛이 부딪치면 여러 방향으로 흩어지는 산란현상 때문이다. 이때 파장이 짧은 광선일수록 기체 분자에 의해 더욱 많이 산란된다. 따라서 가시광선 중 파란색의 광선이 빨간색의 광선보다 더 많이 산란되어 푸르게 보이는 것이다.

다음 그림과 같이 반사 성운은 주로 파란색으로 보인다. 그 이유를 하늘이 파랗게 보이는 것과 비교하여 설명하시오.

04 그림은 은하 A ~ D 의 모양과 관측자의 위치 변화에 따른 은하들의 후퇴 속도를 나타낸 것이다. (단, 은하들은 모두 같은 직선상에 위치해 있으며, 허블 상수는 70 km/s/Mpc이다.)

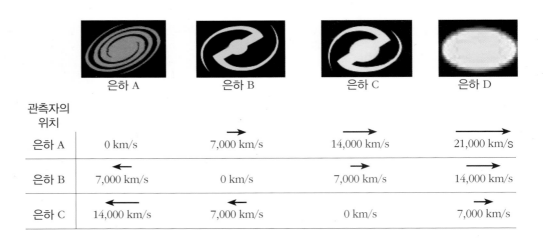

관측자의 위치	은하 A	은하 B	은하 C	은하 D
은하 A	0 km/s	→ 7,000 km/s	→ 14,000 km/s	→ 21,000 km/s
은하 B	← 7,000 km/s	0 km/s	→ 7,000 km/s	→ 14,000 km/s
은하 C	← 14,000 km/s	← 7,000 km/s	0 km/s	→ 7,000 km/s

(1) 허블의 은하 분류에 따라 은하 A ~ D 를 분류하시오.

(2) 허블 법칙을 이용하여 은하 B 와 은하 C 사이의 거리를 계산하시오.

정답 및 해설 **35쪽**

05 우리은하와 안드로메다 은하는 서로 가까워지고 있다고 한다. 다음 그림은 NASA가 만든 37억 5000만 년 뒤 우리은하와 안드로메다 은하가 서로 가까워져서 충돌하기 직전 지구에서 밤하늘을 바라 본 모습의 상상도이다. 왼쪽의 나선은하가 안드로메다 은하이고 오른쪽의 길쭉한 별 무리가 지구에서 바라본 우리은하의 단면인 은하수이다. 두 은하는 그 뒤에도 수십억 년에 걸쳐서 하나로 합쳐지게 되면서 거대한 타원 은하가 된다고 한다.

우주는 특정한 중심이 없이 수많은 은하들끼리 서로 멀어지고 있다는 것이 우주 팽창 이론이다. 이 이론에 의하면 두 은하도 멀어져야만 한다. 두 은하가 가까워지고 있는 이유에 대하여 자신의 생각을 서술하시오.

A

01 다음 그림은 우리은하의 모습을 나타낸 것이다. 각 기호의 명칭을 쓰시오.

⊙ (   ), ⓒ (   )

02 다음 설명에 해당하는 단어를 쓰시오.

> 지구에서 바라본 우리은하의 일부로 밤하늘을 가로지르는 띠 모양의 무수히 많은 별들의 집단

(   )

03 우리은하에 대한 설명으로 옳은 것은 O표, 옳지 않은 것은 X표 하시오.

(1) 태양계가 속해 있는 은하이다.   (   )
(2) 우리은하의 원반의 지름은 약 1.5만 광년이다.
                                        (   )
(3) 태양과 같은 별을 약 2000억 개 포함하고 있다.   (   )

04 다음 그림은 우리은하를 구성하고 있는 천체들이다. 각 그림과 명칭을 바르게 연결하시오.

(1) 구상 성단   •   • ⊙

(2) 산개 성단   •   • ⓒ

05 다음 그림은 우리은하를 구성하고 있는 천체들이다. 각 그림과 명칭을 바르게 연결하시오.

(1) 발광 성운   •   • ⊙

(2) 반사 성운   •   • ⓒ

(3) 암흑 성운   •   • ⓒ

06 다음 그림은 외부 은하를 모양에 따라 분류해 놓은 것이다. 각 그림과 명칭을 바르게 연결하시오.

(1) 타원 은하   •   • ⊙

(2) 불규칙 은하 •   • ⓒ

(3) 나선 은하   •   • ⓒ

07 별의 움직임에 따른 스펙트럼 변화에 대한 설명이다. 다음 빈칸에 알맞은 말이 바르게 짝지어진 것은?

> 별이 지구와 멀어질 때 별빛의 파장은 원래의 파장보다 (⊙) 스펙트럼의 흡수선은 (ⓒ)쪽으로 치우친다.

	⊙	ⓒ
①	짧아지고	청색
②	짧아지고	적색
③	길어지고	청색
④	길어지고	적색
⑤	짧아지고	가운데

정답 및 해설 36쪽

08 다음 그림은 허블이 외부 은하를 분류한 것을 나타낸 것이다. 우리은하의 모양에 해당하는 기호를 쓰시오.

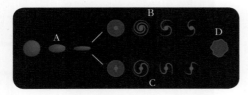

B

11 다음 빈칸에 알맞은 말을 쓰시오.

> 우리은하는 약 2천억 개의 별과 (   ), (   ),
> (   )로 구성되어 있다.

12 다음 설명에 해당하는 단어를 쓰시오.

> 우리은하 원반 주위를 둥근 타원체 모양으로 둘러싸고 있는 부분을 말하며, 지름은 약 20만 광년이다.

(   )

09 다음 설명에 해당하는 법칙을 쓰시오.

> 우리은하와 멀리 있는 은하일수록 더 빠른 속도로 멀어진다. 이와 같이 외부 은하들의 거리에 비례하여 멀어지는 속도가 커진다는 법칙을 말한다.

(   ) 법칙

13 다음 빈칸에 알맞은 말을 쓰시오.

> 태양계에서 우리은하를 관측할 때 우리은하의 중심은 (   )자리 방향에 위치하고 있다.

14 다음 빈칸에 알맞은 말을 쓰시오.

> 성운이란 별과 별 사이에 (   )이 모여 구름처럼 보이는 것이다.

10 다음 빈칸에 알맞은 말을 쓰시오.

> 소리나 빛을 내는 물체가 관측자를 기준으로 관측자와 가까워질 때는 파장이 짧게 관측이 되고, 멀어질 때는 길게 관측되는 현상을 (   ) 효과라고 한다.

15 우리은하를 구성하는 천체들 중 주로 나선팔에 분포하지 <u>않는</u> 천체는?

① 구상 성단   ② 산개 성단
③ 발광 성운   ④ 반사 성운
⑤ 암흑 성운

16 다음 그림은 우리은하를 구성하는 천체의 모습이다. 이에 대한 설명으로 옳은 것은?

① 별의 표면 온도가 높다.
② 수천 ~ 수만 개의 별들이 모여 있다.
③ 성간 물질이 모여 공 모양으로 보이는 것이다.
④ 나이가 많은 별들이 모여 무리를 이루고 있다.
⑤ 주로 우리은하의 나선팔 영역에 분포하고 있다.

17 다음 그림과 같은 성운에 대한 설명으로 옳은 것은?

① 암흑 성운이라고 한다.
② 스스로 빛을 내는 성운이다.
③ 주로 늙은 별들을 포함하고 있다.
④ 주변 빛을 반사하여 밝게 보이는 성운이다.
⑤ 우리 은하 내에서는 주로 은하핵에 위치하고 있다.

18 우리은하를 구성하고 있는 성단에 대한 설명이다. 그 특징을 바르게 설명한 것은?

	구상 성단	산개 성단
① 모양	타원 모양	공 모양
② 별의 수	수만~수십만 개	수십~수만 개
③ 별의 나이	적다	많다
④ 별의 온도	높다	낮다
⑤ 분포 위치	헤일로	은하핵

19 다음 그림은 지구에서 관측한 세 가지 은하의 흡수 스펙트럼이다. 이에 대한 설명으로 옳은 것은?

① A 은하가 지구에서 가장 멀리 있다.
② A 은하만 적색 편이를 보이고 있다.
③ C 은하가 지구에서 멀어지는 속도가 가장 빠르다.
④ B 은하의 흡수선이 파장이 긴 쪽으로 가장 크게 이동하고 있다.
⑤ B 은하를 중심으로 은하들이 멀어지고 있는 것을 알 수 있다.

20 대폭발 이론에 대한 설명으로 옳은 것만을 〈보기〉에서 있는 대로 고른 것은?

─── 〈 보기 〉 ───
ㄱ. 우주는 하나의 특이점 상태였다.
ㄴ. 우주의 최초의 상태는 매우 낮은 온도와 높은 압력을 가진 점 상태였다.
ㄷ. 우주는 특이점을 중심으로 계속 팽창하고 있다.
ㄹ. 수많은 은하들은 서로 멀어지고 있다.

① ㄱ, ㄴ   ② ㄱ, ㄷ   ③ ㄱ, ㄹ
④ ㄱ, ㄴ, ㄷ   ⑤ ㄱ, ㄴ, ㄷ, ㄹ

정답 및 해설 **36쪽**

C

21 다음 그래프는 우리은하를 구성하는 천체를 분류한 것이다. 각 성단에 해당하는 기호가 바르게 짝지어진 것은?

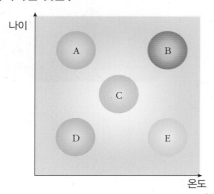

	구상 성단	산개 성단
①	A	B
②	B	E
③	C	D
④	D	A
⑤	A	E

22 다음 그림은 허블이 외부 은하를 분류한 것을 나타낸 것이다. 다음 〈보기〉에서 설명하는 은하의 기호와 명칭이 바르게 짝지어진 것은?

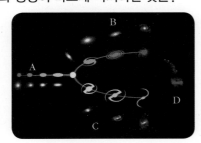

─── 〈 보기 〉 ───

· 젊은 별과 늙은 별을 모두 포함하고 있다.
· 성간 물질이 많이 분포하고 있다.

① A - 타원 은하   ② B - 막대 나선 은하
③ C - 나선 은하   ④ D - 불규칙 은하
⑤ C - 정상 나선 은하

23 다음 빈칸에 들어갈 말이 바르게 짝지어진 것은?

은하들이 수십 개가 모여 있는 은하의 집단을 (㉠)이라고 한다. (㉠)이 모여 (㉡)을 이루며, (㉡)이 모여 (㉢)을 구성한다.

	㉠	㉡	㉢
①	은하단	초은하단	은하군
②	은하군	은하단	초은하단
③	초은하단	은하단	은하군
④	은하단	은하군	초은하단
⑤	은하군	초은하단	은하단

24 다음 그림은 지구에서 관측한 3개의 은하 스펙트럼의 흡수선이고, 아래 표는 그 은하들과의 거리를 나타낸 것이다. 흡수 스펙트럼과 은하가 바르게 짝지어진 것은?

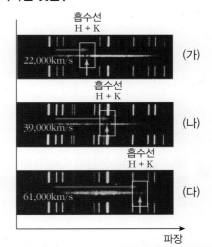

	바다뱀자리	목동자리	북쪽왕관자리
거리 (광년)	3,960,000,000	2,500,000,000	1,400,000,000

	바다뱀자리	목동자리	북쪽왕관자리
①	(가)	(나)	(다)
②	(가)	(다)	(나)
③	(나)	(다)	(가)
④	(나)	(가)	(다)
⑤	(다)	(나)	(가)

25 다음 그림은 별 3 개의 이동 모습을 나타낸 것이다. 관측자가 지구에 있을 때 각 별들의 스펙트럼 변화를 바르게 짝지은 것은?

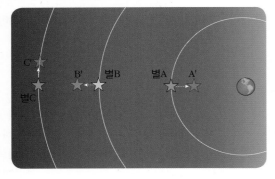

	별 A → A'	별 B → B'	별 C → C'
①	적색 편이	청색 편이	변함 없음
②	청색 편이	적색 편이	변함 없음
③	변함 없음	적색 편이	청색 편이
④	변함 없음	청색 편이	적색 편이
⑤	적색 편이	변함 없음	청색 편이

26 태양계는 우리은하의 나선팔에 위치하고 있다. 만약 태양계가 우리은하의 중심에 있다면 은하수는 어떻게 보일지 서술하시오.

27 그림은 암흑 성운이다. 암흑 성운이 어둡게 보이는 이유를 서술하시오.

28 타원 은하와 불규칙 은하의 차이를 비교하여 서술하시오.

정답 및 해설 36쪽

29 삼각형 은하는 안드로메다 은하와 우리은하 다음으로 우리 국부 은하군에서 세 번째로 큰 은하이다.

우리은하의 관찰자가 삼각형 은하로 부터 오는 빛의 스펙트럼을 분석하였더니 적색 편이가 나타났다. 이때 삼각형 은하의 관찰자가 우리은하로 부터 오는 빛의 스펙트럼을 관찰한다면 어떠할지 서술하시오.

30 우리은하와 멀리있는 은하일수록 적색 편이가 크게 나타나는 이유를 서술하시오.

31 우주 공간에 분포하는 먼지나 가스 등이 모여서 구름처럼 보이는 것을 성운이라고 한다. 다음 그림과 같은 성운의 종류와 이처럼 밝게 빛나 보이는 이유를 쓰시오.

32 수천억 개의 별이 모여 있는 거대한 집단인 은하수가 강처럼 가늘게 보이는 것은 우리가 평탄한 우리 은하 안에서 그것을 옆에서 보고 있기 때문이다. 지구에서도 수십억 개에 이르는 은하를 관측할 수 있는데, 이런 은하는 생긴 모습에 따라 다음 그림과 같이 나선은하, 불규칙은하, 타원은하 등으로 나누어진다. 은하의 종류에 따른 특징을 비교하여 쓰시오.

〈타원 은하〉　　〈불규칙 은하〉　　〈나선 은하〉

우주와의 교신

영화 속 우주와의 교신 "콘택트"

1997년에 나온 공상 과학 영화인 "콘택트(contact)"에서 주인공 "엘리"는 대학에 들어가 우주의 외계 생명체의 존재를 찾아내는 것을 궁극적 삶의 목표로 삼게 된다.

엘리는 연구원이 되어 오랫동안 우주에 전파를 계속해서 보내다가 어느날 갑자기 새로운 전파가 잡혔는데, 이 전파를 자세히 해석해보니 그 외계인이 우리처럼 수를 사용한다는 것과 시간 여행을 할 수 있는 기계의 설계도였다. 엘리는 설계도대로 기계를 제작하고, 그 기계 안에서 17시간 동안 시간 여행을 하게 된다. 하지만 기계 바깥 쪽에 있던 사람들에게는 기계 동작이 1초 만에 끝나는 것처럼 보인다. 주인공이 가지고 있던 카메라도 화면만 지지직 거릴뿐 엘리가 본 모습들은 찾을 수 없었다. 믿어주는 사람은 없었지만 엘리는 그 후로도 외계 생명체에 대한 연구를 계속한다.

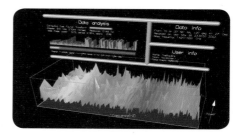

▲ 우주에서 지구로 들어오는 전파 연구

엘리처럼 우주를 연구하는 사람들 중에는 우주에 다른 생명체가 있을 것이라 믿으면서 그들과의 교신을 위해 노력하는 사람들이 많이 있다.

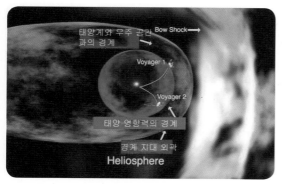

(1) 보이저 1호-외계와의 교신을 위한 노력

2014년 7월 미국 항공 우주국 NASA는 1977년 9월 외행성을 탐사하기 위하여 발사된 우주선 보이저 1호가 태양권을 완전히 벗어났음을 재확인하였다. 보이저 1호는 '지구의 속삭임'이라는 이름의 타임 캡슐을 가지고 있는데 이 속에는 55개 언어로 된 인사말, 자연의 소리, 115장의 사진 정보를 담고 있다. 이것은 다른 행성계나 항성계의 우리와 같은 고등 생명

체가 지구를 이해하기 쉽도록 하기 위함이다. 2015년 6월 보이저 1호는 태양권덮개(헬리오시스)를 벗어나 성간 공간에 진입한 상태이며, 태양으로부터 약 196억 km(130.7AU)에 있다.

보이저 1호가 해왕성 근처에서 찍은 지구 ▶

(2) 아레시보 전파 망원경(Arecibo Radio Observatory) –우주로 보낸 첫 신호

푸에르토리코에 있는 아레시보 천문대의 전파 망원경은 산악 지대의 움푹 팬 곳을 이용하여 만든 것으로 지름이 300m인 망원경이다. 다른 전파 망원경에 비하여 전파를 모으는 넓이가 매우 넓고, 강한 전력으로 전파를 발사할 수 있다. 먼 곳에서 오는 아주 약한 전파원의 탐색 또는 레이더 관측에 의한 달과 행성 표면의 지도 작성을 하였으며, 지구 외 문명체와의 교신 연구도 활발하다. 1974년 헤르쿨레스자리의 구상 성단인 M13을 향하여 '인류로부터의 메시지'를 발사하였다.

인류가 발사한 메시지 내용 ▶

(3) 파이어니어 10호–알루미늄 동판

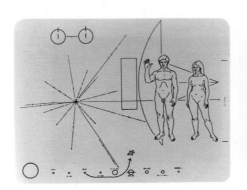

파이어니어 10호는 1972년 발사되어 인류 역사상 최초로 태양계 행성 밖으로 항해한 첫 우주 탐사선이다. 1973년 목성에 접근하여 사진을 보내고, 1983년 해왕성의 궤도를 벗어났다. 아직 오르트 구름을 벗어나지는 않은 것으로 보여진다. 2003년 지구로부터 122억 km 떨어진 곳에서 희미한 신호를 보낸 후 통신이 두절되었다. 파이어니어호에는 외계로 보내는 메시지가 새겨진 알루미늄 동판이 함께 실렸다. 동판에는 남녀의 모습, 우주에 가장 많은 것으로 알려진 중수소 미세 입자. 태양계에 대한 내용 등이 실려 있다. 2006년 마지막 통신 시도가 실패로 끝나면서 우주 미아 신세가 되었다. 현재는 황소자리 알데바란 별을 향해 항해하고 있을 것으로 추측되는데, 파이어니어 10호가 알데바란까지 가는데는 200만 년이 걸린다.

Q1 만약, 여러분이 각자의 존재를 우주로 알리기 위해서는 어떠한 내용의 신호를 실어 보낼 지 상상하여 그림을 그려 보시오. (예를 들면, 부모님과 아이들이 있는 그림, 자와 각도기, 돋보기 있는 그림 등)

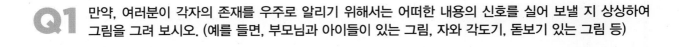

천체 망원경의 종류

(1) 광학 망원경

천체로부터 오는 가시광선을 모아 관측, 굴절 망원경과 반사 망원경이 있음

▲ 광학 망원경으로 관찰한 달

(2) 전파 망원경

천체로부터 오는 전파를 변환하여 관측, 지름이 매우 큰 안테나, 수신기, 증폭기, 기록기로 구성

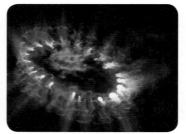

▲ 전파 망원경으로 관찰한 초신성 폭발

(3) 우주 망원경

대기권 밖 인공 위성에 설치, 대기의 영향을 받지 않아 선명하게 관측 가능

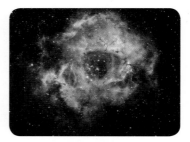

▲ 우주 망원경으로 관찰한 성운

광학 망원경의 종류

구분	굴절 망원경	반사 망원경
원리	접안렌즈(오목렌즈) 대물렌즈(볼록렌즈) ▲ 갈릴레이식	접안렌즈(볼록렌즈) 주경(오목거울) 부경(평면거울) ▲ 뉴턴식
장점	·상의 명암이 뚜렷하다. ·대류에 의한 상의 흔들림이 없다.	·색 번짐 현상(색수차)없다. ·제작이 쉽고 가격이 싸다.
단점	·색 번짐 현상(색수차)이 있다. ·제작이 어렵고 가격이 비싸다.	·상의 명암이 뚜렷하지 않다. ·대류에 의한 상이 불안정하다.
특징	·태양, 행성, 달 관측에 적합 ·경통이 길고 무거워 소형 제작 적합	·성운, 성단, 은하 관측에 적합 ·대형 망원경으로 제작 가능

[탐구-1] 천체 망원경 사용법 익히기

천체 망원경의 구조

대물렌즈 천체로부터 오는 빛을 모아 주는 역할을 한다.

경통 빛이 이동하는 통로로 대물렌즈와 접안렌즈를 연결해 준다.

균형추 망원경의 균형을 잡아 경통이 잘 고정되도록 한다.

보조망원경(파인더) 넓은 시야로 관측하고자 하는 천체를 쉽게 찾을 수 있도록 돕는다.

접안렌즈 눈을 대고 보는 렌즈로 상을 확대한다.

가대 경통을 올려 놓는 받침대로 망원경의 방향을 조정해 준다.

삼각대 가대를 올려 두는 받침대로 망원경이 흔들리지 않도록 고정해 준다.

천체 망원경의 설치와 조작

(1) 망원경의 설치

평지에 삼각대 설치 → 삼각대 위에 가대를 고정나사로 부착 → 균형추 봉과 균형추 부착 → 가대에 경통 연결 → 경통에 파인더 고정 → 경통 접안부에 접안 렌즈 부착

(2) 망원경의 조작

① 균형 맞추기 : 경통의 앞뒤 무게 균형 및 경통과 균형추 사이의 무게 균형을 맞춘다.
② 파인더와 주망원경의 경통을 나란하게 조정한다.
② 파인더로 천체 찾기 : 배율이 낮아 시야가 넓은 파인더를 이용해 관측하고자 하는 천체를 확인한다.
③ 주망원경을 이용해 천체를 관찰한다.

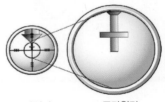

▲ 파인더   ▲ 주망원경

탐구 문제

1. 굴절 망원경을 이용해 물체를 관찰하면 실제 물체보다 항상 작은 상이 맺힌다. 확대가 되지 않는데 망원경을 사용하는 이유는 무엇일까?

2. 천체 망원경을 이용해 천체를 관찰하려고 한다. 어떤 장소에 망원경을 설치하면 좋을지 4가지 이상 쓰시오.

[탐구-2] 태양의 흑점 관찰

태양 광선 차단판

태양상 투영판

① 망원경을 설치한 후 파인더를 덮어 놓은 후 접안렌즈에 빛 가리개 판을 놓는다.

② 경통에 고정시킨 축을 만들고 그 축에 투영판을 설치하고 투영판 위에 종이를 부착시킨다.

③ 접안부에 또 다른 판을 달아 접안렌즈에서 나온 빛 이외에 다른 빛이 비치지 못하게 하여 투영되는 상의 선명도를 높인다.

④ 태양의 상이 관측 용지의 원(임의로 그린다. 보통 10cm)과 크기가 맞도록 투영판과 망원경 사이의 거리를 조절한다.(초점 조절)

⑤ 상에 나타난 흑점을 추적하여 그 흐른 방향을 기록해 놓는다.

⑥ 태양을 추적해 가며 태양의 윤곽이 원에 일치할 때 모든 흑점의 위치를 기록한다.

⑦ 2-3일 같은 시간에 흑점의 위치 및 개수와 모양을 관측하여 스케치한 후 흑점이 어떻게 이동하는 지 살펴본다.

탐구 문제

1. 흑점은 (   )쪽에서 (   )으로 이동한다.

2. 흑점의 이동을 통해 태양에 대해 알 수 있는 사실 2가지를 쓰시오.

3. 위의 활동을 통해 태양표면을 관측한 결과를 그림으로 나타내었다. 그림 (가)는 4월 아침 10시에 관측한 결과이고 (나)는 84시간 후 관측 결과이다.

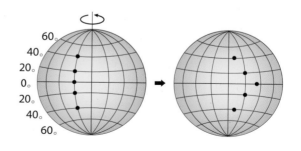

만약 그림에서 태양의 경도선(세로선) 간격이 22.5°에 해당할 때, 위도 20°인 지역의 자전 주기는 몇 일인가?

\<탐구 속 읽기 자료\>-흑점

처음 발견–갈릴레오 갈릴레이

1611년 갈릴레오 갈릴레이는 자신이 만든 망원경을 이용해 태양의 표면을 관측하던 중 검은 얼룩들을 발견하고 자세한 관측 결과를 남겼다. 그후 19세기 후반 흑점이 왜 생기는지 알게 된 이후 지금까지 흑점 관측은 느린 과학(슬로 사이언스)으로 연구가 진행 중이다.

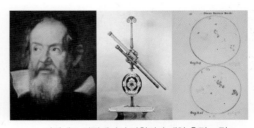

▲ 갈릴레오 갈릴레이의 망원경과 태양 흑점 그림

흑점이 생기는 이유

태양은 커다란 자석과 같아서 주변에 커다란 자기장을 형성한다. 자기장은 태양의 자전으로 인해 적도 부근의 속력이 극쪽보다 빨라서 적도 쪽으로 길쭉하게 늘어나게 되는데, 흑점은 태양 내부의 이런 자기력 요동이 표면에 드러나면서 강한 자기력 다발들이 모인 곳이다. 흑점에서는 열 흐름이 원활하지 못해 주변보다 온도가 낮다. 온도가 낮은 이 부분을 지구에서 바라보면 주변보다 어둡게 보이기 때문에 '흑점'이란 이름을 얻게 되었다. 실제 흑점만의 밝기는 지구에서 보는 보름달의 밝기와 비슷하다. 흑점이 많을수록 태양의 활동은 활발하다.

흑점이 지구에 미치는 영향

흑점이 많은 때에는 태양 표면에서 일어나는 폭발이 많아지면서 지구로 오는 태양풍이 강해지므로 지구에 있는 전파에 민감한 인공위성이나 전자기기 등이 오작동을 일으키기도 한다. 실제로 흑점이 많이 관측되었던 1989년 캐나다 퀘벡에서는 9시간 동안 정전이 됐고, 1994년에는 일본 위성 고장, 2003년에는 미국과 일본에서 통신이 두절되기도 했다. 2014년에는 태평양 인근 국가들의 통신장애가 일어났다.

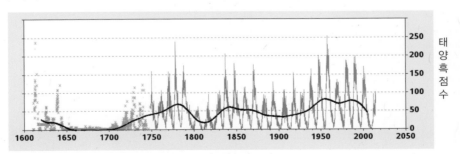

▲ 400년 동안 관측된 태양 흑점 수

흑점에 관한 관심이 높아질수록 흑점의 개수에 대한 정확성이 문제가 되고 있다. 나라마다, 사람마다 같은 달에 측정한 흑점의 개수에 차이가 난다고 한다. 그 이유는 무엇일지 서술해 보자.

MEMO

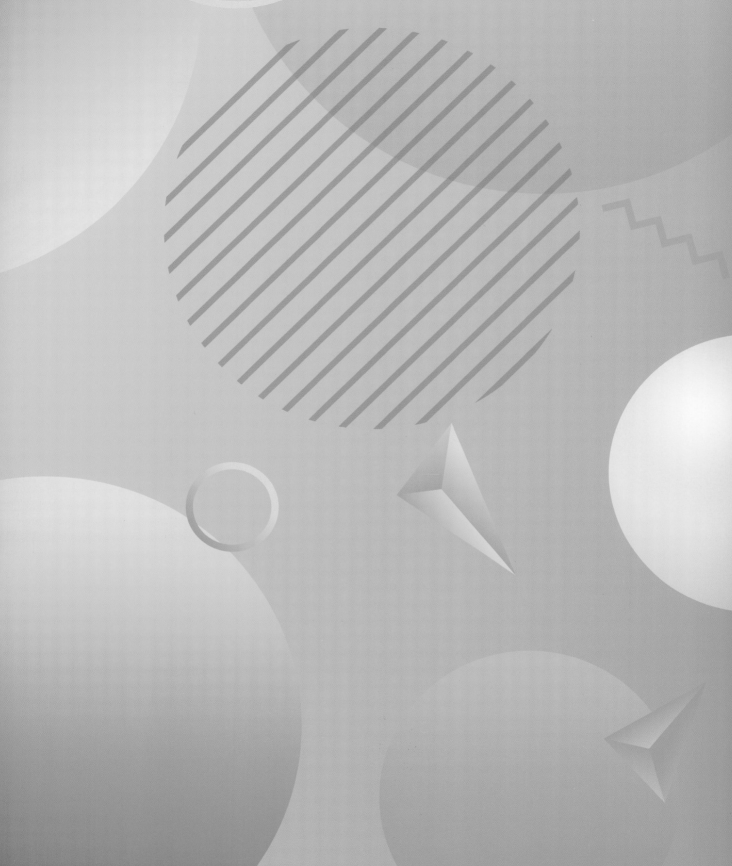

세페이드

세페이드

창의력과학

세페이드

2F 지구과학(하) 개정판
정답과 해설

윤찬섭
무한상상 영재교육 연구소

<온라인 문제풀이>
[스스로 실력 높이기] 는 동영상 문제풀이를 합니다.
http://cafe.naver.com/creativeini

세페이드 I 변광성은
지구에서 은하까지의
거리를 재는 기준별이
며 우주의 등대라고 불
린다.

사람은 누구나 창의적이랍니다.
창의력 과학의 세계로 오심을 환영합니다!

창의력과학

세페이드

2F. 지구과학(하) 개정판
정답과 해설

무한상상

I 지구와 달

15강. 지구와 달의 모양과 크기

개념 확인   10~13쪽

1. ㉠, ㉡   **2.** 360, 지구의 둘레($2\pi R$)

3. 고지, 바다   **4.** 각지름, 닮음비

---

1. 답 ㉠, ㉡

해설 실제 지구의 모양은 적도 반지름이 극 반지름보다 약간 더 큰 구형에 가까운 타원체이다.

확인+   10~13쪽

1. ④   **2.** ④   **3.** ③   **4.** $2\pi L$, D

---

1. 답 ④

해설 지구가 둥글기 때문에 지표면에서 높이 올라갈수록 시야가 넓어진다.

2. 답 ④

해설 두 도시의 거리를 걸어서 측정하였기 때문에 정확한 측정이 되지 않은 것도 실제 반지름과 에라토스테네스가 측정한 반지름과의 오차가 발생한 원인 중 하나이다.

3. 답 ③

해설 ① 달의 표면에 있는 바다 부분에는 지구의 바다와 같은 물이 없다. ②, ④, ⑤는 달에 물과 대기가 없기 때문에 나타나는 현상들은 아니다.

생각해보기   10~13쪽

★ (지구가 둥근 증거 → 지구가 편평할 때) 고위도로 갈수록 높아지는 북극성 고도 → 모든 위도에서 북극성의 고도가 같을 것이다. 인공위성에 촬영한 둥근 모양의 지구 → 인공위성에서 촬영한 지구의 모양은 편평할 것이다. 월식 때 달에 비친 지구의 둥근 그림자 → 월식 때 달에 비친 지구 그림자는 직선일 것이다. 지표면에서 높이 올라갈수록 넓어지는 시야 → 높이에 상관없이 시야가 같을 것이다. 수평선 밑으로 가라앉는 것처럼 보이는 멀어져 가

는 배 → 멀어져 가는 배가 계속 전체 모습이 보일 것이다. 한 방향으로 계속 가면 언젠가는 제자리로 돌아온다. → 한 방향으로 계속 가면 추락할 것이다. 동쪽으로 갈수록 일출시간이 빨라진다. → 일출 시간이 어디에서나 같을 것이다. 위도에 따라 보이는 별자리가 다르다. → 지역에 관계없이 같은 별자리가 보일 것이다.

★★ ① 하늘이 파랗게 보이는 이유는 대기층을 통과하는 태양 빛이 산란되기 때문이다. 반면에 대기가 없는 달에서는 낮에도 빛이 산란되지 않기 때문에 하늘이 검게 보이는 것이다.

② 달의 바다는 달의 고지보다 상대적으로 젊은 암석으로 이루어져 있다. 운석 구덩이는 암석의 나이가 많을수록 많이 분포한다. 그러므로 달의 바다보다 고지에 더 많은 운석 구덩이가 분포한다.

개념 다지기

01. ④   **02.** ④   **03.** ⑤

04. ⑤   **05.** ②   **06.** ①, ③, ④

---

01. 답 ④

해설 실제 지구는 지구 적도 반지름이 극 반지름보다 약간 더 큰 구형에 가까운 타원체이다.

02. 답 ④

해설

지구가 둥근 증거	지구가 편평할 경우
고위도로 갈수록 높아지는 북극성 고도	모든 위도에서 같은 북극성의 고도
월식 때 달에 비친 둥근 지구 그림자	월식 때 달에 비친 직선 지구 그림자
지표면에서 높이 올라갈수록 넓어지는 시야	지표면과의 높이와 상관없이 같은 시야
수평선 밑으로 가라앉는 것처럼 보이는 멀어져 가는 배	계속 전체 모습으로 보이는 멀어져 가는 배
동쪽으로 갈수록 짧아지는 일출 시간	어디에서나 같은 일출 시간

03. 답 ⑤

해설 에라토스테네스가 지구 크기를 측정할 때 세운 가설은 '지구는 완전한 구형이다.', '지구로 들어오는 태양 광선은 어느 곳에서나 평행하다.'이다.

04. 답 ⑤

해설 ① 달의 질량은 지구 질량의 $\frac{1}{80}$로 지구보다 작다.
② 달의 평균 밀도는 약 3.3 g/cm³으로 지구의 평균 밀도인 약 5.5 g/cm³ 보다 작다. ③ 지구의 반지름은 달의 반지름의 4배이다. ④ 달은 지구 주위를 도는 위성이며 스스로 빛을 내지 못하고 태양 빛을 반사한다.

05. 답 ②

해설 ㄱ. ㉠은 바다, ㉡은 고지이다. ㄹ. 바다는 현무암질 암석으로 구성되어 있다.

바다
고지

06. 답 ①, ③, ④

해설 크기를 알고 있는 물체를 이용하여 보름달을 가릴 때 물체와 관측자와의 거리를 측정하면 삼각형의 닮은꼴을 이용하여 달의 지름을 구할 수 있다. 이때 필요한 비례식은 다음과 같다. 물체의 크기는 보통 물체의 지름(d)이다.
물체의 크기 : 관측자와 물체 사이의 거리 = 달의 지름 : 관측자와 달 사이의 거리
② 달의 각지름(θ)에 해당하는 부채꼴의 호의 길이를 달의 지름(D)으로 놓는다. 그렇지만 비례식에는 들어가지 않는다.

유형 익히기 & 하브루타		16~19쪽
[유형 15-1] ⑤	**01.** ④	**02.** ⑤
[유형 15-2] ④	**03.** ③	**04.** ⑤
[유형 15-3] ④	**05.** ②	**06.** ⑤
[유형 15-4] ①	**07.** ②	**08.** ②

[유형 15-1] 답 ⑤

해설 ① 지역에 따라 북극성의 고도가 달라지는 것은 지구가 둥근 증거이다. ② A위치는 가장 위도가 낮기 때문에 북극성의 고도도 가장 낮다. 그러므로 (나)이다. ③ 북극성의 고도가 가장 높은 (가)가 가장 고위도(C)에서 관측한 것이다. ④ 지구가 편평하다면 모든 위도에서 북극성의 고도가 같을 것이다.

01. 답 ④

해설 멀어져 가는 배가 수평선 밑으로 가라앉는 것처럼 보이는 것은 지구의 모양이 둥근 증거이다. ①, ②, ③, ⑤는 모두 지구가 둥근 증거이다. 태양의 남중 고도가 달라져서 계절 변화가 나타나는 것은 지구가 태양 주위를 돌고 있기 때문에 나타나는 현상이다.

02. 답 ⑤

해설 ⑤은 실제 지구의 모양이다. ① 초기 그리스 사람들이 생각한 지구 모양이다. ② 고대 이집트 사람들이 생각한 지구 모양이다. ③ 고대 수메르 사람들이 생각한 지구 모양이다. ④ 고대 인도 사람들이 생각한 지구 모양으로 거대한 뱀

위에 거북이가 올라앉아 있으며, 거북이 등 위에는 네 마리의 코끼리가 반구형의 대지를 떠받치고 있는 모습이라고 생각하였다.

[유형 15-2] 답 ④

해설 ① θ 값은 막대의 끝과 막대의 그림자의 끝이 이루는 각을 측정하여 엇각의 원리를 이용하여 간접적으로 알아낸다. l 값은 직접 걸어서 측정하였다. ② 알렉산드리아의 위도는 시에네의 위도에 θ 값을 더한 값이다. ③ 지구는 완전한 구형인 것을 가정으로 세웠다. ⑤ 하짓날 정오 시에네의 우물에 태양빛이 수직으로 비출 때, 알렉산드리아에 세워둔 막대의 끝과 막대의 그림자의 끝이 이루는 각도를 측정하였다.

03. 답 ③

해설 에라토스테네스가 지구의 크기를 구하기 위하여 반드시 측정해야할 것은 알렉산드리아와 시에네 사이의 거리(ㄷ)와 알렉산드리아에 있는 막대와 그 막대의 그림자가 이루는 각도(ㄹ)이다.

04. 답 ⑤

해설 에라토스테네스의 지구 크기의 측정값이 지구의 실제 반지름보다 약 15%정도 큰 원인은 3가지가 있다. 두 도시의 경도가 동일하지 않고 약 3° 차이가 나며, 지구는 완전한 구형이 아닌 타원체이고, 두 도시의 거리를 직접 걸어서 측정하였기 때문에 정확하게 측정되지 않았기 때문이다.

[유형 15-3] 답 ④

해설 ② (가)는 고지, (나)는 바다이다. ① 바다(나)가 고지(가)보다 어둡다. ③ (가) 고지는 주위보다 높고 험준한 고지대이다. ⑤ (나) 바다보다 (가) 고지에 더 많은 운석 구덩이(크레이터)가 분포한다.

05. 답 ②

해설 달에는 물과 대기가 없기 때문에 풍화와 침식이 일어나지 않는다. 그래서 한 번 생긴 흔적은 선명하게 남아있을 수 있는 것이다.

06. 답 ⑤

해설 운석 구덩이는 태양계 내의 행성과 위성, 그리고 소행성과 소행성의 작은 위성에 이르기까지 단단한 표면을 가진 거의 모든 천체에서 발견된다.

[유형 15-4] 답 ①

해설 비례식 $2\pi L : 360° = D : \theta$ 을 이용하여야 한다.
③, ④ 지구에서 본 달의 각지름과 지구에서 달까지의 거리는 비례식을 풀기 위해 꼭 필요한 값이다.

07. 답 ②

해설 ① 비례식 a : b = d : D 를 이용하여 달의 크기를 구한다. ③ 물체의 지름 d가 커질수록 눈과 물체 사이의 거리

는 멀어진다. ④ 두 각지름을 일치시켜야 삼각형의 닮음비를 이용하여 달의 크기를 구할 수 있다. ⑤ 지구에서 달까지의 거리와, 물체의 크기, 물체와 관측자와의 거리를 알고 있어야 달의 크기를 알 수 있다.

08. 답 ②
해설 지구에서 달까지의 거리를 반지름으로 하는 원에서 호의 길이는 달의 지름이 된다. 이때 필요한 비례식은 $2\pi \times$(지구에서 달까지의 거리) : $360°$ = 달의 지름 : 지구에서 본 달의 각지름이다. 그러므로 지구에서 달까지의 거리와 지구에서 본 달의 각지름을 반드시 알아야 한다.

창의력 & 토론마당   20~23쪽

01

(1) 비례식 : $2\pi R : 360° = 5cm : 10°$
투명 반구의 둘레 = 1,800cm
(2) 지구의 둘레 = 39,600km

해설 (1) 투명 반구의 반지름을 R이라고 하면, 투명 반구의 둘레는 $2\pi R$이 된다. 그러므로 투명 반구의 둘레를 구하기위한 비례식은 다음과 같다.
$2\pi R : 360° = 5cm : 10°(20° - 10° = 10°)$
비례식에 의해 $18,000 = 2\pi R \times 10$ 되므로, 투명 반구의 둘레는 1,800cm가 된다.
(2) 개성과 제주도가 경도가 같고 위도가 다르므로 두 지역의 위도차는 지구 중심각(θ)과 같다.
그러므로 $\theta = 38.5° - 33.5° = 5°$ 이다.
위도 1° 간의 거리는 약 110km 이므로 두 지역의 거리는 550km이다. 따라서 지구의 둘레를 S라고 하면 다음과 같은 비례식을 얻을 수 있다.
$S : 360° = 550km : 5°$
$\therefore S = 39,600km$

02

해시계란 시계 안에 세워 놓은 막대기가 만들어내는 그림자의 위치로 시간을 알아내는 것이다. 태양은 둥근 천구면을 일정한 속도로 회전하지만 태양 빛에 의해 생긴 그림자는 편평한 지면 위에서 움직이게 된다. 그러므로 편평한 지면 위에서는 일정한 간격으로 이동하지 않기 때문에 평면 해시계의 눈금 간격이 일정하지 않은 것이다. (해시계의 막대 그림자가 이동하는 간격은 태양이 비스듬히 비출수록 커지게 된다.)

해설 앙부일구란 세종 16년(1434년) 장영실, 이천, 김조 등이 만든 해시계로 시계판이 가마솥같이 오목하고, 이 솥이 하늘을 우러르고 있다고 하여 '앙부일구'란 이름이 붙여졌다. 앙부일구는 둥근 지구 모양을 표현한 것으로 작은 크기로도 시각선, 계절선을 나타내는데 효과적이다. 바늘의 그림자는 태양의 위치에 따라 방향이 달라지고, 태양의 고도에 따라 길이가 달라진다. 태양

은 동에서 떠서 서로 지기 때문에 그림자는 서에서 동으로 움직인다. 따라서 바늘의 그림자 방향으로 시간을 알 수 있다. 또한 태양의 남중고도는 매일 변하므로 정오 때 바늘의 그림자 길이는 날마다 달라진다. 즉, 하짓날에는 그림자의 길이가 가장 짧고, 동짓날에는 가장 길다. 따라서 그림자의 길이로 날짜를 알 수 있다.

03 지구는 실제로는 평면이 아닌 둥근 모양이다. 그러므로 평면 지도 상의 직선 궤도가 실제로 최단 거리가 되지 않는 것이다.

04 달의 바다는 현무암질의 용암이 흘러나와 구덩이를 메워서 생긴 것으로 알려져 있다. 이러한 달의 바다는 달의 뒷면에서는 거의 보이지 않으며, 대부분 운석 구덩이로 되어 있다. 그 이유는 지구를 향하고 있는 달의 앞면쪽은 지구 중력의 영향을 받아 마그마의 분출이 많았기 때문에 현무암질 암석의 용암 대지로 이루어져 있는 바다가 뒷면보다 많이 분포한 것이다.

05 달에서는 낮에도 하늘이 검게 보이므로 낮과 밤 상관이 없이 별을 관측할 수 있다. 또한 대기가 없기 때문에 별빛이 흡수되거나 반사, 산란되지 않으므로 더욱 선명한 별을 관측할 수 있다.

스스로 실력 높이기   24~29쪽

01. (1) O (2) X (3) O	**02.** ②	**03.** ㉠, ㉡
04. ②, ③, ④	**05.** ㄴ, ㄹ	**06.** 위성
07. (1) O (2) X (3) X	**08.** (가) 바다 (나) 고지	
09. 각지름	**10.** 〈해설 참조〉	**11.** ②
12. ④	**13.** ②	**14.** ④	**15.** ④
16. ⑤	**17.** ⑤	**18.** ③	**19.** ③, ⑤
20. ⑤	**21.** ⑤	**22.** ②	
23. 6429km	**24.** ⑤	**25.** ②
26. ~ **32.** 〈해설 참조〉		

01. 답 (1) O (2) X (3) O
해설 (2) 실제 지구는 지구 적도 반지름이 극 반지름보다 약간 더 큰 구형에 가까운 타원체이다.

02. 답 ②
해설 월식 때 달에 비친 지구의 그림자가 둥근 것은 지구가 둥근 모양이라는 것의 증거이다.

03. 답 ㉠, ㉡

해설 에라토스테네스는 지구의 크기를 측정하기 위해 '지구는 완전한 구형이다', '지구로 들어오는 태양 광선은 어느 곳에서나 평행하다'라는 것을 가정으로 세웠다.

04. 답 ②, ③, ④
해설 지구의 실제 반지름과 다른 오차가 생긴 이유는 3가지가 있다.
② 알렉산드리아와 시에네의 경도의 차이가 약 3° 이다.*(두 지점의 경도가 동일하지 않다.)
③ 지구는 완전한 구형이 아닌 타원체이다.
④ 알렉산드리아와 시에네 사이의 거리를 직접 걸어서 측정하여 정확하게 측정되지 않았다.

05. 답 ㄴ, ㄹ
해설 부채꼴의 원리 = 부채꼴의 호의 길이는 중심각의 크기에 비례한다는 원리,
엇각의 원리 = 두 직선이 평행할 때, θ와 θ'은 엇각으로 크기가 서로 같다는 원리

06. 답 위성
해설 달은 지구 주위를 도는 위성이며, 스스로 빛을 내지 못하고 태양 빛을 반사한다.

07. 답 (1) O (2) X (3) X
해설 (1) 지구의 반지름은 약 6400km, 달의 반지름은 약 1738km로 지구 반지름은 달의 반지름의 약 4배이다.
(2) 달은 서쪽에서 동쪽으로 자전한다.
(3) 달의 표면에서 밝은 부분을 고지, 어두운 부분을 바다라고 한다.

08. 답 (가) 바다 (나) 고지
해설 표면에서 밝은 부분을 고지, 어두운 부분을 바다라고 한다.

10. 답 △OAB ∽△OA'B' (or △OBA ∽△OB'A' or △AOB ∽△A'OB' or △BOA ∽△B'OA')

11. 답 ②
해설 ①, ③, ④, ⑤는 모두 지구가 둥근 증거이다.

12. 답 ④
해설 동쪽으로 갈수록 일출 시간이 빨라지는 것은 지구가 둥글다는 증거이다.

13. 답 ②
해설 ① 두 막대는 같은 경도 상에 세워야 한다.
③ 삼각형의 닮음비를 사용해서는 달의 크기를 구한다. 지

구 크기를 측정하기 위해서는 부채꼴의 원리와 엇각의 원리를 사용한다.
④ 전등 빛의 경우 지구 모형에 평행하게 도달하지 않기 때문에 엇각의 원리를 이용하여 두 지점과 지구 중심 사이의 중심각을 구할 수 없다.
⑤ 호 AB의 길이와 ∠AA'C의 크기를 실제로 측정해야 한다.

14. 답 ④
해설 두 지점의 중심각 : 호의 길이 = 360° : 지구 모형의 둘레라는 비례식을 세울 수 있다.
$\therefore \theta : l = 360° : 2\pi R$ 이므로 $R = \dfrac{360° \times l}{2\pi\theta}$ 이다.

15. 답 ④
해설 에라토스테네스의 지구 크기 측정 방법을 이용하여 지구의 크기를 측정하기 위해서는 위도는 다르고, 경도는 같은 두 지역을 선택하여야 한다.

16. 답 ⑤
해설

	지구의 특성	달의 특성	비교
반지름	약 6400km	약 1738km	지구의 $\dfrac{1}{4}$
질량	약 6×10^{24} kg	약 7.35×10^{22}kg	지구의 $\dfrac{1}{80}$
평균 밀도	약 5.5 g/cm^3	약 3.3 g/cm^3	지구 〉 달
평균 표면 온도	약 15℃	낮 120℃ ~ 밤 -170℃	
자전 방향	서쪽 → 동쪽	서쪽 → 동쪽	같다.
표면 중력	약 9.8m/s^2	약 1.6m/s^2	지구의 $\dfrac{1}{6}$

17. 답 ⑤
해설

		㉠	㉡
①	명칭	바다	고지
②	밝기	어둡다	밝다
③	고도	저지대	고지대
④	지형	평탄하다	험준하다
⑤	운석 구덩이	적다	많다

18. 답 ③
해설 지구를 중심으로 하고 지구와 달까지의 거리 L을 반지름으로 하는 큰 원을 그릴 때, 달의 각지름 θ(0.5°)에 해당하는 부채꼴의 호의 길이가 달의 지름 D에 해당한다.

$$2\pi L : 360° = D : \theta \qquad \therefore D = \frac{\theta \times 2\pi L}{360°}$$

19. 답 ③, ⑤

해설 태양의 지름은 달보다 약 400배 이상 크지만 지구와 태양까지의 거리가 지구와 달까지 거리의 400배 정도이기 때문에 태양과 달의 각지름은 모두 0.5°로 같다. 그렇기 때문에 지구에서 육안으로 볼 때 거의 같은 크기로 보이는 것이다.

20. 답 ⑤

해설 각지름은 천체의 지름에 비례한다. 지구의 지름은 달의 지름의 4배이기 때문에 달에서 본 지구의 각지름은 지구에서 본 각지름의 4배가 된다. 그러므로 2.0° 이다.

21. 답 ⑤

해설 지구의 크기를 측정하기 위한 비례식은
두 지점의 위도 차이 : 두 지점의 거리 = 360° : 2πR
또는 2πR : 두 지점의 거리 = 360° : 두 지점의 위도 차이 로 나타낼 수 있다.

22. 답 ②

해설 $R = \dfrac{360°}{2.5°} \times \dfrac{280km}{2\pi} = \dfrac{10080}{15.7} ≒ 6420km$

23. 답 6429km

해설 에라토스테네스의 지구 측정 원리에 의해 지구 반지름을 구하기 위해서는 두 지역의 위도 차이를 알아야 한다. 두 지점의 북극성의 고도 차이는 두 지역의 위도 차이가 된다. 그러므로 다음과 같은 비례식을 세울 수 있다.
360° : 2πR = 위도 차 : 두 지점의 거리
→ 360° : 2πR = (58−30)° : 3140

$R = \dfrac{360° \times 3140}{2 \times 3.14 \times 28°} ≒ 6428.57km$

∴ R = 6429km

24. 답 ⑤

해설 ① 달에는 물이 없기 때문에 기상 현상이 일어나지 않는다. ② 달에는 대기가 없기 때문에 기압도 없다.
③ 달에는 대기가 없기 때문에 태양 빛이 산란되지 않아서 낮에도 하늘이 검게 보인다.
④ 달에는 물이 없기 때문에 얼음도 생기지 않는다.

25. 답 ②

해설 삼각형의 닮은비를 이용하면 지름의 비도 구할 수 있다. 지구에서 달까지의 거리 : 지구에서 태양까지의 거리 = 달의 지름 : 태양의 지름이다. 그러므로 38만 4천 km : 1억 4690만 km ≒ 1 : 382이다.

26. 답 (나) - (다) - (가), 북극성의 고도는 고위도로 갈수록 높아진다. 그 이유는 지구의 모양이 둥글기 때문에 관측자의 위도가 높아질수록 북극성의 고도도 높아지는 것이다.

27. 답 두 지점의 중심각이 위도차이다. 그러므로 위도차이는 7.2°가 된다. 그리고 지구에 들어오는 태양 광선이 어느 곳에서나 평행하게 들어온다고 가정해야 엇각의 원리가 성립한다. (알렉산드리아 막대의 그림자 끝과 막대의 끝이 이루는 각 = 두 지점의 중심각)

28. 답 비례식 7.2° : 호의 길이(925km) = 360° : 지구의 둘레(2πR)
호의 길이는 중심각의 크기에 비례한다는 부채꼴의 원리를 사용하기 위해서는 지구는 완전한 구형이라고 가정해야 한다.

29. 답 부채꼴의 원리를 이용하기 위해서는 두 지점 사이의 호의 길이와 중심각의 크기를 알고, 중심각의 크기 : 호의 길이 = 360° : 지구의 둘레 라는 식을 세워야 한다. 이때 두 지점 사이의 중심각은 두 지점의 위도 차이가 된다. 같은 경도 상에 있는 두 지점이 아닐 경우에는 두 지점의 위도 차이가 지구의 중심을 지나는 원의 중심각이 되지 못하기 때문에 두 지점의 경도는 같아야 한다. 만약 두 지점의 경도가 같지 않을 경우 실제 지구의 둘레보다 작은 값이 나온다.

30. 답 달에는 물과 대기가 없기 때문에 일교차가 매우 크고, 소리가 전달되지 않는다. 또한 낮에도 하늘이 검게 보이며, 풍화와 침식 작용, 기상 현상들이 일어나지 않는다.

31. 답 달의 바다 부분이다. 밝게 빛나는 달의 어두운 무늬가 토끼와 방아의 그림자가 비춰지는 것이라고 생각했기 때문이다.

32. 답 지구는 둥근 타원 모양이기 때문에 편평한 종이에 그리게 되면 극지방 부분으로 갈수록 늘려 그려야 하는 등 수정해야 할 부분이 많다. 따라서 정확한 지도를 그리기 힘들다.

16강. 지구의 운동

개념 확인　　　　　　　　30~35쪽

1. 15, 자전　　　**2.** 동, 서, ㉠　　　**3.** 서, 동, 1

4. 서, 동, 연주 운동　　**5.** 66.5, 공전　　**6.** 정남, ㉠

확인+　　　　　　　　　30~35쪽

1. ④　　**2.** ⑤　　**3.** ⑤　　**4.** 물병자리, 사자자리

5. 태양 복사 에너지 양　　**6.** ⑤

1. 답 ④
해설 태양의 연주 운동은 지구 공전에 의한 현상이다.

2. 답 ⑤
해설 ① 동쪽 하늘에서는 지평선에서 오른쪽으로 비스듬히 떠오른다. ② 서쪽 하늘에서는 지평선에서 오른쪽으로 비스듬히 진다. ③ 북쪽 하늘에서는 북극성을 중심으로 반시계 방향으로 회전한다. ④ 남쪽 하늘에서는 지평선과 거의 나란하게 동에서 서로 이동한다.

3. 답 ⑤
해설 천체의 일주 운동은 지구의 자전에 의한 현상이다.

4. 답 물병자리, 사자자리
해설 태양 반대쪽 별자리가 그 달의 대표적 별자리이다. 3월에는 태양이 물병자리에 있으며, 한밤중 남쪽 하늘에는 사자자리가 보인다.

5. 답 태양 복사 에너지 양
해설 태양 고도가 높을수록 지면에 도달하는 태양 복사 에너지의 양이 많아진다.

6. 답 ⑤
해설 지구의 위치가 하지점에서 동지점으로 이동할 때 도달하는 태양 복사 에너지의 양은 점점 줄어든다.

생각해보기　　　　　　　30~35쪽

★ 남반구 중위도에서 보이는 별의 일주 운동 방향은 북반구와 반대 방향이다. 북쪽 하늘(적도 방향)에서 별들은 지평선과 거의 나란하게 왼쪽(서에서 동)방향으로 이동하고, 동쪽 하늘에서는 지평선에서 왼쪽 위로 비스듬히 떠오르며, 서쪽 하늘에서는 지평선에서 왼쪽 아래로 비스듬히 지고, 남쪽 하늘

(남극 방향)에서 별들은 시계 방향으로 회전한다.
★★ 지구의 자전축과 공전 궤도면이 나란해지면 천구의 적도와 황도도 나란해지게 된다. 그러므로 태양의 일주 운동의 경로가 천구의 적도가 된다. 이로 인하여 지구에서는 태양이 뜨는 위치는 정동쪽, 지는 위치는 정서쪽으로 늘 같을 것이고, 태양의 남중 고도 또한 일정할 것이다. 또한 낮과 밤의 길이가 같아지고, 계절의 변화와 극지방의 백야 현상도 없어질 것이다.

개념 다지기　　　　　　　36~37쪽

01. ⑤　　**02.** ⑤　　**03.** ⑤

04. ③　　**05.** ②　　**06.** ⑤

01. 답 ⑤
해설 천체의 일주 운동은 지구의 자전에 의한 현상이다.
① 1시간에 15° 씩 회전한다.
② 지구 자전의 방향은 서쪽에서 동쪽이다.
③ 계절의 변화는 지구의 공전으로 인하여 나타나는 현상이다.
④ 지구가 자전축을 중심으로 하루에 1바퀴씩 스스로 도는 운동을 말한다.

02. 답 ⑤
해설 ㄴ. 별의 관측할 때 생기는 방향 차이인 별의 시차는 지구 공전에 대한 증거이다.

03. 답 ⑤
해설 ① 북쪽 하늘의 모습이다.
② 별의 일주 운동 모습은 위도에 따라 다르며, 같은 위도일지라도 동서남북 방향에 따라 다르다.
③ 별의 일주 운동의 방향은 지구의 자전 방향과 반대이다.
④ 별의 일주 운동의 속도는 지구의 자전 속도와 같다.

04. 답 ③
해설 ① 지구는 서쪽에서 동쪽으로 태양 주위를 회전한다.
② 밤과 낮이 변하는 것은 지구 자전에 의한 현상이다.
④ 별들이 일 년 동안 동에서 서쪽으로 회전하는 것처럼 보인다.
⑤ 태양이 일 년 동안 서쪽에서 동쪽으로 회전하는 것처럼 보인다.

05. 답 ②
해설 ① 태양의 연주 운동 방향은 서쪽에서 동쪽이다.
③ 태양의 연주 운동은 태양의 별자리 사이를 1년에 1바퀴씩 회전하는 현상이다.
④ 황도 12궁에서 태양을 등진 반대쪽 별자리가 그 계절의 대표적 별자리이다.

⑤ 지구의 공전 궤도를 연장하여 천구와 만나는 원을 황도라고 한다.

06. 답 ⑤

해설 ①, ⑤ 태양이 동지점에 있을 때 남중 고도가 가장 낮고, 지표면에 도달하는 태양 복사 에너지의 양이 가장 적다.
② 태양이 춘분점에 있을 때 해는 정동쪽에서 떠서 정서쪽으로 진다.
③ 태양의 남중 고도란 태양이 관측자의 정남쪽에 위치할 때의 고도를 말한다.
④ 지구 자전축이 공전 궤도면에 대하여 약 $66.5°$ 기울어진 채 공전하기 때문에 계절 변화가 일어난다.

유형 익히기 & 하브루타		38~41쪽
[유형 16-1] ⑤	01. ②	02. ④
[유형 16-2] ⑤	03. ③	04. ④
[유형 16-3] ③	05. ⑤	06. ④
[유형 16-4] ⑤	07. ④	08. ②

[유형 16-1] 답 ⑤

해설 지구 자전으로 인하여 실제 인공 위성의 궤도는 변함이 없으나, 지구 안에 있는 관측자가 보는 인공 위성의 궤도는 1시간에 약 $15°$ 씩 동쪽에서 서쪽으로 움직이는 것처럼 보인다.
② ㉠이 인공 위성의 나중 궤도이고, ㉡이 인공 위성의 처음 궤도이다.

01. 답 ②

해설 지구 자전의 영향으로 지구 상에서 운동하는 물체는 운동 방향이 휘게 되는데 이때 작용하는 가상적인 힘을 전향력이라고 한다. 북반구에서는 물체의 운동 방향에 대하여 오른쪽 직각 방향으로 전향력이 작용하기 때문에 던지는 방향의 오른쪽으로 물체는 휘게 된다.

02. 답 ④

해설 푸코 진자의 진동면은 고정되어 있지만 지구의 자전에 의해 지구 상의 관측자가 보면 지표면에 대하여 회전하는 것처럼 보인다. 북반구에서 ㉠은 지구의 자전 방향, ㉡은 진자 진동면의 회전 방향이다.
① 지구는 서쪽에서 동쪽(반시계 방향 ㉠)으로 회전한다.
② 진자의 진동면은 고정되어 있지만 회전하는 것처럼 보이는 것이다.
③ 적도 지방에서 진동면은 회전하지 않는다.
④ 극지방에서는 약 24시간에 한 바퀴씩 진동면이 회전한다. 그러므로 1시간에 $15°$ 씩 회전하기 때문에 $60°$를 회전하는데 필요한 시간은 4시간이다.
⑤ 적도 지방에서 극지방으로 갈수록 회전 주기는 짧아진다.

[유형 16-2] 답 ⑤

해설

동쪽 하늘   남쪽 하늘

북쪽 하늘   서쪽 하늘

03. 답 ③

해설 그림은 북극성을 중심으로 반시계 방향인 동쪽에서 서쪽으로 별이 1시간에 $15°$ 씩 회전하고 있는 별의 일주 운동을 나타낸 것이다.
① 별 O는 북극성이다.
④ $15°$ 이동한 경로를 보아 1시간 동안 사진기를 놓고 찍은 것을 알 수 있다.
⑤ 별의 일주 운동은 지구가 자전을 하기 때문에 나타나는 현상으로 지구 자전과 방향은 반대, 속도는 같다.

04. 답 ④

해설
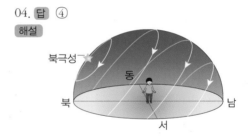

[유형 16-3] 답 ③

해설 지구가 A자리에서 B자리로 이동할 때 태양은 사자자리를 지나가게 된다. 이때 지구가 B자리에 있을 때 태양과 반대 방향에 있는 별자리인 물병자리를 한밤중에 남쪽 하늘에서 볼 수 있다. 지구가 A에 위치하고 있을 때 한밤중에 남쪽 하늘에서 볼 수 있는 별자리는 염소자리이다.

05. 답 ⑤

해설 그림은 해가 진 후 서쪽 하늘의 전갈자리가 하루에 약 $1°$ 씩 동쪽에서 서쪽으로 이동하는 것처럼 보이는 겉보기 운동인 별의 연주 운동을 나타낸 것이다.
② 별의 연주 운동은 지구의 공전에 의한 현상이다.
③ 천구 상에서 태양과 별의 겉보기 운동 방향은 서로 반대이다.
④ 별자리를 기준으로 태양은 하루에 약 $1°$씩 서쪽에서 동쪽으로 이동하고 있다.

06. 답 ④

해설 ㄷ. 황도는 천구의 적도에 대하여 $23.5°$ 기울어져 있다.

[유형 16-4] 답 ⑤

해설 지구가 A점에 위치할 때 북반구의 절기는 춘분, B에 위치할 때의 절기는 하지이다. 지구의 위치가 춘분점에서 하지점으로 이동할 때 남중 고도는 점점 높아지고, 도달하는 태양 복사 에너지의 양도 점점 늘어난다.

07. 답 ④

해설

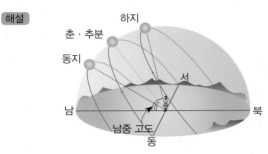

08. 답 ②

해설 지구 자전축이 기울어지지 않고 공전을 할 경우 태양의 남중 고도 변화와 낮과 밤의 길이 변화가 없게 되고, 계절의 변화는 나타나지 않을 것이다.

창의력 & 토론마당　　　　42~45쪽

01
(1) b 가 태양의 고도이다.
(2) 태양의 고도는 77° 이므로 계절은 하지임을 알 수 있다.

해설 (1) 고도는 별과 지평선이 이루는 각도로 지평선으로부터의 높이를 말하며, 0° ~ 90° 까지 표시 된다. 그러므로 그림에서 태양의 고도는 a가 아닌 b가 지평선으로 부터의 높이인 고도이다.

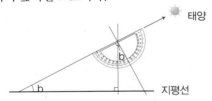

(2) a + b = 90° 이다. 그러므로 a가 13° 이면 b는 77° 가 된다. 우리나라 각 절기의 남중고도는 춘, 추분에는 53.5°, 하지 때는 77°. 동지에는 30° 이므로 이때의 계절은 하지, 즉 여름이다.

02
(1) 30°N에서 60°N 방향으로 흐르는 대기는 코리올리의 힘에 의해 오른쪽 방향으로 힘을 받으며 편서풍을 만들게 되고, 극동풍은 극지방에서 60°N 방향으로 대기가 흘러 코리올리의 힘에 의해 왼쪽으로 힘을 받으며 발생하게 된다.
(2) 〈예시 답안〉야구의 투수가 던진 공이 휘어지는 것은 코리올리의 힘 보다는 투수가 던지는 회전 방향이나 힘의 세기에 의해 휘어지는 것이지 코리올리의 힘에 의한 작용은 아니다. 코리올리의 힘은 지구 전체적으로 일어나는 대기나 해류의 거대한 운동에 영향을 준다.

해설 (1) 북반구를 관점으로 볼때 북쪽에서 남쪽으로 이동하는 물체는 왼쪽(서쪽)으로 힘을 받아 목표 지점보다 서쪽으로 향하게 되고, 그것을 지상에서 본다면 오른쪽으로 치우쳐서 날아가는 것처럼 보일 것이다. 반대로 남쪽에서 북쪽으로 이동하는 물체는 오른쪽으로 힘을 받는다.
30°N에서 60°N 방향으로 흐르는 대기는 오른쪽 방향으로 힘을 받으며 편서풍을 만들게 되고, 극지방의 극동풍은 극지방에서 60°N 방향으로 대기가 흘러 발생하게 된다.
(2) 지구 규모로 벌어지는 대기나 해류의 운동은 코리올리의 힘의 영향을 많이 받지만, 일상 생활에서 벌어지는 작은 규모의 운동에서는 코리올리의 힘을 잘 느끼기 어렵다. 일상 생활에서 일어나는 일들은 지구의 크기에 비해 거의 무시할 수 있을 정도이기 때문이다. 변기나 욕조, 풀장 등에서 물이 빠질 때 생기는 소용돌이의 회전 방향도 코리올리의 힘 보다는 용기의 모양, 물의 원래 회전 방향 등 다른 변수들이 더 큰 영향을 미친다.

03
(1)

현재	(가)	(나)	(다)	(라)
계절	여름	가을	겨울	봄
13,000년 후	(마)	(바)	(사)	(아)
계절	겨울	봄	여름	가을

(2) 현재 지구의 공전 궤도는 북반구의 겨울에 태양으로부터의 거리가 가장 가깝고, 여름에 태양으로부터의 거리가 가장 멀다. 하지만 13,000년 후에는 지구 자전축의 기울기가 반대로 기울어지면 북반구의 겨울에 태양으로부터의 거리도 가장 먼 상태가 되기 때문에 지금의 겨울보다도 훨씬 더 추워질 것이다.

해설 (1) 자전축이 반대가 되면 태양의 고도도 반대로 되기 때문에 계절이 정반대가 되는 것이다.

04
지구에서 태양 방향의 별자리는 볼 수 없으며, 태양을 등진 반대쪽 별자리를 관찰할 수 있다. 그러므로 태양의 위치가 A에서 B로 이동할 때 지구에서 볼 수 있는 별자리는 게자리에서 사자자리로 변하게 된다.
〈예시 답안〉태양이 직접 이동하는 길이나, 이동하는 것처럼 보이는 길도 모두 태양이 이동하는 길로 볼 수 있기 때문에 황도라는 이름을 계속 사용해도 좋을 것 같다.

01. 자전축, 서, 동   **02.** 전향력(코리올리의 힘)

03. (1) X (2) X (3) O   **04.** 동, 서, 15

05. (다), (나), (가)   **06.** (1) X (2) O (3) O

07. 황도   **08.** ㄷ   **09.** (1) ㄱ (2) ㄴ

10. ④   **11.** 오른, 왼   **12.** ①

13. ②   **14.** ④   **15.** ①   **16.** ④

17. ④   **18.** ②   **19.** ④   **20.** ③

21. ③   **22.** ④   **23.** ③   **24.** ⑤

25. ②   **26. ~ 32.** 〈해설 참조〉

03. 답 (1) X (2) X (3) O

해설 (1) 지구는 하루에 1바퀴씩, 즉 1시간에 15°씩 스스로 회전한다.

(2) 계절의 변화는 지구가 공전하기 때문에 일어나는 현상이다.

(3) 지구 자전에 의해 별들이 자전축을 중심으로 하루에 1바퀴씩 동에서 서쪽으로 회전하는 것처럼 보인다.

04. 답 동, 서, 15

해설 인공 위성 궤도의 서편 현상에 대한 설명이다. 이는 지구 자전의 증거 중 하나이다.

05. 답 (다), (나), (가)

해설 (가)는 적도 지방, (나)는 중위도 지방, (다)는 북극 지방의 일주 운동 모습이다.

06. 답 (1) X (2) O (3) O

해설 (1) 지구는 1년에 1바퀴, 하루에 약 1°씩 회전한다.

(2) 별의 관측 위치가 달라지는 것을 별의 시차라고 하며, 이는 지구 공전의 증거이다. (3) 지구가 자전축이 기울어진 채 공전하기 때문에 낮과 밤의 길이가 달라진다

08. 답 ㄷ

해설 하루 중 낮의 길이가 가장 길 때는 하지이다. 하지 때는 태양의 남중 고도가 가장 높다.

10. 답 ④

해설 지구 자전에 의한 현상으로는 천체들이 자전축을 중심으로 하루에 한 바퀴씩 회전하는 것처럼 보이는 천체의 일주 운동(ㄱ)과 낮과 밤이 반복되는 현상이 있다. 태양의 연주 운동, 계절의 변화, 별의 연주 운동은 지구의 공전으로 인하여 나타나는 현상이다.

11. 답 오른, 왼

해설 전향력(코리올리의 힘)에 대한 설명이다.

12. 답 ①

해설 ② 전향력은 극지방에서 가장 크고, 적도에 가까울수록 작아지다가 적도에서는 0이 된다.

③ 별의 일주 운동의 방향은 남반구와 북반구가 정반대이다.

④ 푸코 진자의 진동면은 적도 지방에서는 회전하지 않는다.

⑤ 태양이 별자리 사이를 회전하는 현상은 지구 공전에 의한 현상이다.

13. 답 ②

해설 ㄱ. 북극성을 향해 선 상태에서는 오른쪽이 동쪽, 왼쪽이 서쪽이다. 그러므로 ㉠은 서쪽, ㉡은 동쪽이다.

ㄷ. 별들은 동쪽에서 서쪽으로 회전하는 것처럼 보인다. 즉 시계 반대 방향인 B방향으로 회전하는 것처럼 보인다.

ㄹ. 별은 1시간에 약 15°씩 회전한다. 별의 움직임이 원을 만드는 모습을 관찰하기 위해서는 같은 장소를 24시간 관찰하면 된다. 그림은 별이 45° 회전한 것으로 보아 3시간을 관찰한 것이므로 앞으로 21시간을 더 촬영하면 원을 만드는 모습을 관찰할 수 있을 것이다.

14. 답 ④

해설 ①, ③ 그림은 적도 지방에서 관찰할 수 있는 별의 일주 운동을 나타낸 것이다. 우리나라는 북반구 중위도에 위치하고 있기 때문에 겉보기 운동 모양이 다르다.

② 별의 일주 운동은 지구의 자전에 의한 현상이다.

④ 별의 일주 운동 속도는 지구의 자전 속도와 같고(1시간에 약 15°씩), 방향은 반대(동쪽에서 서쪽으로 회전)이다.

⑤ 그림의 지역은 적도 지방이므로 서쪽 하늘에서 수직으로 진다.

15. 답 ①

해설 그림 (가)는 지평선에서 오른쪽으로 비스듬히 떠오르고 있는 것으로 보아 동쪽 하늘임을 알 수 있으며, 그림 (나)는 지평선과 거의 나란하게 동에서 서로 이동하고 있는 것으로 보아 남쪽 하늘임을 알 수 있다.

16. 답 ④

해설 태양은 별자리를 기준으로 할 때 하루에 약 1°씩 서쪽에서 동쪽으로 이동한다.

17. 답 ④

해설 지구에서 태양 방향의 별자리는 볼 수 없으며, 태양을 등진 반대쪽 별자리가 그 달에 볼 수 있는 별자리이다. 황도 12궁은 태양이 연주 운동하는 길이기 때문에 황도 12궁에 표시된 달에 그 달의 태양이 위치하는 것이다.

18. 답 ②

해설

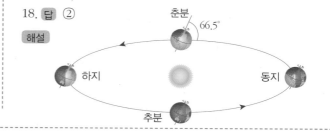

⊙은 봄, ⊙은 겨울, ⊙은 가을, ⊙은 여름이다.
춘분은 3월 21일 경, 하지는 6월 22일 경, 추분은 9월 23일 경, 동지는 12월 22일 경이다.

19. 답 ④
해설 그림 (나)에서 북반구에서 태양의 남중 고도가 작고, (단위 면적당 도달하는 태양 복사 에너지의 양이 작다) 자전축이 23.5° 기울어져 있기 때문에 태양이 동지점에 위치해 있을 때의 지구를 나타낸 것임을 알 수 있다. 그러므로 D 지점이며, 동지는 하루 중 밤의 길이가 가장 길 때이다.

20. 답 ③
해설
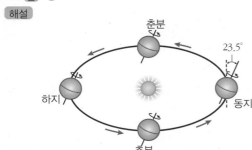
북반구의 절기 춘분은 3월 21일경, 하지는 6월 22일 경, 추분은 9월 23일 경, 동지는 12월 22일경이다. 그러므로 12월 1일에 지구는 C와 D사이에 위치할 것이다.

21. 답 ③
해설 낮과 밤이 반복되는 것은 지구 자전에 의한 현상이다.
③ 극지방으로 갈수록 전향력이 커지기 때문에 더 많이 휜다.
① 지구와 태양 사이에 달이 끼어들어 태양을 가리게 되는 경우 일식이 일어난다. 지구의 자전 현상과는 관련이 없다.
②, ④ 별의 연주 시차와 계절의 변화는 지구 공전에 의한 현상이다.
⑤ 적도에서 극지방으로 갈수록 회전 주기는 짧아진다.

22. 답 ④
해설 북두칠성은 북극성을 중심으로 1시간에 약 15° 씩 시계 반대 방향으로 회전한다. 그러므로 북두칠성이 B에 위치해있을 때는 밤 12시 보다 3시간 전인 밤 9시, 북두칠성이 C에 위치하고 있을 때는 밤 12시 보다 3시간 후인 새벽 3시이다.

23. 답 ③
해설 (가)는 서쪽 하늘, (나)는 남쪽 하늘, (다)는 북쪽하늘이다.

ㄱ. 북반구 중위도에서 촬영한 것이다.
ㄴ. 서쪽 하늘에서 별들은 지평선에서 오른쪽으로 비스듬히 진다.

ㄷ. 남쪽 하늘에서 별들은 지평선과 나란하게 동쪽에서 서쪽으로 이동하고 있다.

24. 답 ⑤
해설
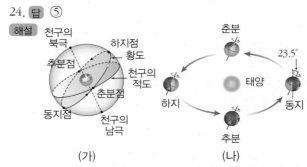
(가)   (나)
① 천구 상에서 태양이 추분점(⊙)에 위치해 있을 때 지구는 공전 궤도 상에서 C에 위치한다.
② 지구가 C에 위치해 있을 때 북반구의 절기는 추분이다. 그러므로 태양의 남중 고도는 90° - 위도 이며, 태양의 남중 고도가 가장 높을 때는 하지점(B)에 있을 때(90° - 위도 + 23.5°)이다.
③ 천구 상에서 태양이 동지점(⊙)에서 춘분점(⊙)으로 위치가 변할 때 남중 고도는 점점 높아진다.
④ 지구가 B에 위치해 있을 때 북반구의 절기는 하지이다. 하지는 하루 중 낮의 길이가 가장 길 때 이다.
⑤ 천구 상에서 태양이 하지점(⊙)에 위치할 때 북반구에서는 하루 중 낮이 길이가 가장 길다.

25. 답 ②
해설
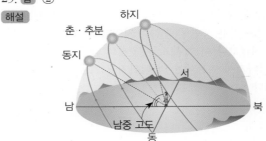
① 하지점에 태양이 위치해 있을 때는 하루 중 낮의 길이가 가장 길고, 태양의 남중 고도도 가장 크다.
③ 태양이 동지점에 위치해 있을 때는 하루 중 밤의 길이가 가장 길다.
④ 태양의 위치가 춘,추분점에서 하지점으로 변할 때는 지표면에 도달하는 태양 복사 에너지의 양이 점점 늘어난다.
⑤ 태양의 일주 운동의 경로 변화는 지구의 자전축이 공전 궤도면에 대하여 약 66.5° 기울어져서 태양 주위를 공전하기 때문에 공전 궤도 상의 지구의 위치에 따라 변하는 것이다.

26. 답 ⊙ 방향으로 1시간에 약 15° 씩 이동한다. 지구가 서쪽에서 동쪽으로 자전을 하기 때문에 실제 인공 위성의 궤도는 변함이 없으나, 지구 안에 있는 관측자가 보는 인공 위성의 궤도는 동쪽에서 서쪽으로 움직이는 것처럼 보이는 것이다. (인공 위성의 서편 현상)

27. **답** 천구는 움직이지 않지만 지구가 자전축을 중심으로 서쪽에서 동쪽으로 스스로 도는 운동인 자전을 하기 때문에 천체들이 자전축을 중심으로 회전하는 것처럼 보이는 것이다.

28. **답** 북극성에서 관찰한다고 할 때, 지구가 북극성을 중심으로 시계 반대 방향인 서쪽에서 동쪽으로 자전하기 때문에 별들은 자전의 방향과 반대 방향인 시계 방향(동쪽에서 서쪽)으로 회전하는 것처럼 보인다.

29. **답** 지구가 공전함에 따라 태양이 황도 상에 위치하는 저점이 달라진다. 따라서 태양이 위치하는 황도 12궁의 별자리도 달라진다. 따라서 지구에서 태양 방향의 별자리는 볼 수 없기 때문에 태양을 등진 반대쪽 별자리인 그 계절의 대표적 별자리도 달라지게 되는 것이다.

30. **답** 지구가 자전축이 기울어진 채 태양 주위를 공전하기 때문에 태양의 남중 고도가 변하고 그로 인하여 계절의 변화가 나타나는 것이다.

31. **답** 연주 시차는 지구의 공전에 의해 천구 상에서 별이 관측되는 위치가 달라지기 때문에 나타난다. 이때 별이 가까울수록 지구 공전에 의한 연주 시차가 커지므로 별 A가 별 B보다 지구에 더 가까운 것임을 알 수 있다.

32. **답** 자전축이 기울어진 채로 공전하기 때문에 사계절의 변화 시기는 같지만, 자전축이 기존보다 더 기울어지므로 우리나라와 같은 북반구 중위도 지역에서는 여름철의 남중 고도는 지금보다 더 커지고, 겨울철의 남중 고도는 지금보다 더 작아져서 여름에는 더 더워지고 겨울에는 더욱 추워질 것이다.

17강. 달의 운동

3. **답** (1) O (2) X (3) O
해설 (2) 월식은 밤이 되는 모든 지역에서만 관측할 수 있다.

1. **답** ③
해설 음력 15일 경 달과 태양이 반대 방향에 있어서 달의 전체를 볼 수 있는 시기를 망이라고 하며, 보름달을 볼 수 있다.

4. **답** ②
해설 ① 음력 15일이나 29일 경은 조차가 가장 큰 사리일 때이다. ③ 한 달 중 조차가 최대가 되는 때를 사리라고 한다. ④ 해수면이 하루 중 가장 낮아졌을 때를 간조라고 한다. ⑤ 달과 태양의 인력으로 해수면의 높이가 변하는 현상을 조석이라고 한다.

생각해보기   52~55쪽

★ 지구의 자전 주기는 하루이고, 달의 위상이 변하는 주기는 29.5일이다. 그러므로 달이 지구를 한 바퀴 공전하는 동안 지구는 거의 30바퀴를 자전하게 되기 때문에 달에서 지구를 볼 때는 지구의 모든 표면을 볼 수 있게 된다.

★★ 지구의 대기에 의해 산란이 잘되는 파장이 짧은 파란 빛은 모두 산란이 되고, 지구 대기를 투과한 파장이 긴 붉은 빛이 굴절되어 달 표면에 도달하기 때문에 안보이는 대신 붉게 보이는 것이다.

01. **답** ⑤
해설 ① 하루에 약 13°씩 이동한다. ② 27.3일 동안 지구 한

바퀴를 회전한다. ③ 지구에서 관측할 수 있는 달의 모양은 매일 조금씩 달라진다. ④ 달이 지구를 중심으로 한 달에 한바퀴를 회전하는 것이 달의 공전이다.

02. 답 ①
해설 오른쪽 반달이 되는 음력 7~8일 경의 달의 모양을 상현이라고 한다.

03. 답 ⑤
해설 ① 음력 한 달인 약 27.3일은 삭망월과 같다. ② 삭망월과 항성월은 약 2.2일 차이가 난다. ③ 달의 실제 공전 주기와 항성월이 약 27.3일로 같다. ④ 달이 위상이 변하여 다시 동일한 위상이 될 때까지 걸리는 시간은 삭망월이다.

04. 답 ④
해설 그림은 달의 그림자에 의해 태양이 전부 가려지는 개기 일식 현상이다. ①, ②, ③, ⑤은 월식에 대한 설명이다.

05. 답 ⑤
해설 사리란 한 달 중 조차가 최대가 되는 때를 말한다. 태양 - 지구 - 달이 일직선 상에 배열되어 태양과 달의 인력이 같은 방향에서 작용되기 때문에 나타난다. 달의 위상이 삭이나 망일 때 나타난다.

06. 답 ②
해설 월식은 달의 위상이 망일 때 관측이 가능하며, 조금은 달의 위상이 하현이나 상현일 때 나타난다.

유형 익히기 & 하브루타 58~61쪽

[유형 17-1] ②	01. ④	02. ④
[유형 17-2] ⑤	03. ⑤	04. ①
[유형 17-3] ⑤	05. ③	06. ⑤
[유형 17-4] ③	07. ②	08. ⑤

[유형 17-1] 답 ②
해설

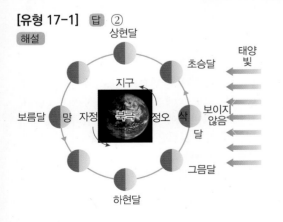

① 상현달은 해가 진 직후 남쪽 하늘에서 관찰할 수 있다. ② 보름달은 음력 15일 경 한밤중에 남쪽 하늘에서 관찰할 수 있다. ③ 하현달은 왼쪽 반달이다. ④ 삭에 위치해 있을 경우에 달은 태양과 같이 아침에 떠서 일몰때 지기 때문에 보이지 않는다. ⑤ 초승달이다.

01. 답 ④
해설 ① 달의 공전에 의한 현상이다. ② 음력 7~8일경에 관측한 달은 오른쪽 반달인 상현달이다. ③ 매일 해가 진 직후인 일몰 무렵 같은 시각에 관측한 달의 위치와 모양이다. ⑤ 음력 15일에 관측한 보름달은 한밤중인 자정 무렵에는 남쪽 하늘에서 관측할 수 있다.

02. 답 ④
해설 음력 22일 경 해가 뜨기 전 새벽에는 하현달을, 음력 7일 경 해가 진 직후 저녁에는 상현달을 남쪽 하늘에서 관찰할 수 있다.

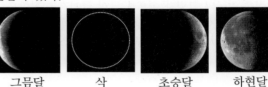

그믐달	삭	초승달	하현달
음력 26일경	음력 1일경	음력 3일경	음력 22일경

그믐달은 새벽에 동쪽 하늘에서 관측할 수 있다.

[유형 17-2] 답 ⑤
해설 ①, ④ C에서 A로 이동하는데 걸리는 시간을 삭망월이라고 한다. 삭망월은 약 29.5일로 음력 한 달이다.
②, ③ C에서 B로 이동하는데 걸리는 시간을 항성월이라고 한다. 항성월은 약 27.3일로 달의 실제 공전 주기와 같다.
⑤ 두 공전 주기가 2.2일 차이가 나는 이유는 달이 약 27.3일 동안 지구 둘레를 공전하는 동안 지구도 태양 주위를 공전하기 때문에 약 2.2일이 지나서야 태양 - 지구 - 달이 나란한 위치에 오게 되면서 달의 위상이 같아지기 때문이다.

03. 답 ⑤
해설 삭망월은 달의 위상이 변하여 다시 동일한 위상이 될 때까지 걸리는 시간으로 음력의 한 달과 같은 약 29.5일이다.

04. 답 ①
해설 그림은 달이 천구 상의 어느 별을 기준으로 지구 주위를 한 바퀴 돌아 다시 제자리로 돌아오는 데 걸리는 시간을 나타낸 것으로, 항성월이라 한다. 항성월은 실제 달의 공전 주기와 같으며 약 27.3일이다.

[유형 17-3] 답 ⑤
해설

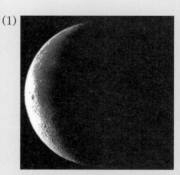

① 달이 붉게 보이는 현상은 개기 월식(ㄹ)이 일어날 때이다.
② 태양이 완전히 가려지는 현상은 개기 일식(ㄱ)이 일어날 때이다.
③ 개기 일식(ㄱ)과 부분 일식(ㄴ)은 달의 위상이 삭일 때 관측이 가능하다.
④ 개기 월식(ㄹ)과 부분 월식(ㄷ)은 밤이 되는 모든 지역에서 관측이 가능하다.

05. **답** ③

해설 그림은 달 전체가 가려지는 현상인 개기 월식 사진이다. 월식은 지구의 그림자 속으로 달이 들어가는 현상으로 밤이 되는 모든 지역에서 관측할 수 있다. 달의 위상이 망일 때 관측이 가능하며, 태양 - 지구 - 달 순서대로 천체가 배열이 되어야 한다. ①, ②, ④, ⑤는 모두 일식에 관련된 설명들이다.

06. **답** ⑤

해설 ①, ②, ③, ④은 일식과 월식이 반대로 제시되어 있다.

[유형 17-4] 답 ③

해설 ① ㄴ과 ㄹ은 사리이다.
② A는 상현달, B는 보름달, C는 하현달, D는 삭이다.
④ 해수면의 높이 변화는 달과 태양의 인력으로 인하여 하루에 2번씩 주기적으로 변한다.
⑤ 사리는 태양 - 지구 - 달이 일직선 상에 배열되어 태양과 달의 인력이 같은 방향에서 작용되기 때문에 나타나는 현상이다.

07. **답** ②

해설 ① ㄱ은 해수면의 높이가 가장 높아지는 만조, ㄴ은 해수면의 높이가 가장 낮아지는 간조를 나타낸다.
② 달이 A나 B의 위치에 있을 때가 한 달 중 조차가 최대가 되는 때인 사리이다.
③ 만조와 간조 때 해수면의 높이 차이는 조차라고 한다. 조석은 해수면의 높이가 하루에 2번씩 주기적으로 변하는 현상을 말한다.
④ 달이 A에 위치해 있을 때 달의 위상은 삭이며, 삭일 때는 달이 보이지 않는다.
⑤ 해수면의 높이 차이는 달과 태양의 인력으로 인하여 변하는 것이다.

08. **답** ⑤

해설 ㄱ, ㄴ 음력 15일이나 29일 경은 조차가 가장 큰 사리일 때이고, 음력 7일이나 22일 경에는 조차가 가장 작은 조금일 때이다.

01

(1)

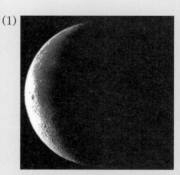

(2) 서울에서 보름달이 보일 때, 칼굴리에서도 보름달을 볼 수 있다. 하지만 서울에서 보는 달의 표면 무늬와 180° 뒤집힌 표면 무늬를 볼 수 있다.

해설 (1) 호주 칼굴리와 서울은 비슷한 경도에 위도만 정반대인 곳이다. 그러므로 호주 칼굴리에서는 서울에서 보는 달과 위상과 정반대인 달을 볼 수 있다. 그러므로 칼굴리에서 보이는 달은 우리나라에서 보는 그믐달과 같은 모습으로 보일 것이다.
(2) 서울에서 보름달이 보일 때, 칼굴리에서도 보름달을 볼 수 있다. 하지만 서울에서 보는 달의 표면 무늬와 180° 뒤집힌 표면 무늬를 볼 수 있다.

서울에서 보이는   칼굴리에서 보이는
달의 표면   달의 표면

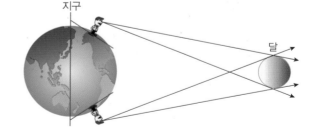

태양 - 달 - 지구의 위치는 변함이 없고, 우리나라와 호주는 서로 같은 경도 상에 있기 때문에 시간대도 같다. 달을 관찰할 때 북반구에 있는 사람은 남쪽을 향해야 하고, 남반구에 있는 사람은 북쪽을 향해야 한다. 두 관측자는 서로 마주 바라보는 경우가 되기 때문에 두사람의 오른쪽, 왼쪽이 달라져서 달의 모양과 보름달 표면의 무늬가 반대로 보이는 것이다.

02

(1) 태양 - 달 - 지구의 배열에서 태양 - 지구 - 달의 배열로 바뀌게 되기 때문에 지구의 그림자 속으로 달이 들어가는 현상인 개기 월식이 발생할 것이다.

(2) 일본은 달의 본 그림자 영역에 위치하여 개기 일식이 나타난 것이고, 우리나라는 달의 반 그림자 영역에 위치하게 되어 부분 일식이 나타난 것이다.

해설 일식은 태양-달-지구가 일직선상에 있을 때 달이 태양을 가리는 현상이고, 월식은 태양-지구-달이 일직선상에 있을 때 지구의 그림자가 달을 가리는 현상으로 일식 때 달과 지구의 위치가 반대가 되면 월식이 발생하게 된다. 개기 월식 때는 달이 지구의 그림자에 의해 완전히 가려지지만 지구 대기에서 굴절된 빛 때문에 붉게 보이게 된다. 빛이 지구의 대기층을 통과할 때 푸른색은 대부분 산란되어 흩어지지만 산란되지 않는 긴 파장의 적색 빛은 대기의 굴절에 의해 달표면까지 도달하게 되어 월식 때 달이 붉게 보이는 것이다.

03

각 지역마다 보이는 초승달의 모양이 다르기 때문에 그 지역에서 보이는 모습의 초승달을 이용하여 국기를 제작하였을 것이다.

해설 터키 수도 앙카라는 북위 39° 52′ 30″ 동경 32° 50′ 00″에 위치해 있으며, 모리타니의 수도 누악쇼트는 북위 18° 06′ 00″ 서경 15° 57′ 00″, 파키스탄의 수도 이슬라마바드는 북위 33° 43′ 00″ 동경 73° 04′ 00″, 싱가포르는 북위 1°17′, 동경 103° 50′에 각각 위치해 있다. 모두 북반구에 위치하고 있지만 경도가 다르기 때문에 관측되는 초승달의 모양이 다를 것이다.

04

(가) 일출 전, 동쪽, 그믐달

(나) 일몰 후, 서쪽, 초승달

해설 프랑스는 북반구에 위치해 있는 나라이므로 달의 위상 변화는 우리나라와 같다. 그러므로 별이 빛나는 밤에 그려져 있는 달의 모양은 그믐달의 모양으로 그믐달은 해가 뜨기 직전 동쪽 하늘에서 볼 수 있다. 싸이프러스 나무가 있는 길 속 달은 그 모양으로 보아 초승달임을 알 수 있다. 초승달은 해가 진 직후 서쪽 하늘에서 관찰할 수 있음을 알 수 있다.

05

㉠ - 보름(ㄱ), ㉡ - 그믐(ㄹ)

보름과 그믐때 축제가 열린다. 바다가 갈라지는 현상은 사리의 간조 때 해수면의 높이가 최대로 낮아지면서 바닷속에 잠겨 있던 해저 지형이 노출되어 바다가 양쪽으로 갈라지는 것처럼 보이는 현상을 말한다. 우리나라에서는 진도, 무창포, 제부도, 사도, 실미도 등에서 나타

난다. 음력 15일이나 29일 경이 가장 큰 사리일 때이므로 보름과 그믐 경에 축제가 열리는 것을 알 수 있다.

스스로 실력 높이기   66~71쪽

01. (1) ○ (2) X (3) ○
02. 초승달, 상현달, 하현달, 그믐달   **03.** 상현달
04. ㄷ   **05.** 항성월   **06.** 2.2   **07.** ①   **08.** ㉡
09. (1) ㉡ (2) ㉠   **10.** 사리, 조금   **11.** ④   **12.** ③
13. ⑤   **14.** ④   **15.** ①   **16.** ②   **17.** 금환 일식
18. ④   **19.** ④   **20.** ⑤   **21.** ④   **22.** ⑤   **23.** ③
24. ③, ④   **25.** ④   **26.** ~ **32.** 〈해설 참조〉

01. 답 (1) ○ (2) X (3) ○
해설 (1) $\dfrac{360°}{27.3일}$ → 하루에 약 13°씩 회전
(2) 달의 위상 변화는 달의 공전에 의한 현상이다.

03. 답 상현달
해설 상현달은 음력 7,8일 경 정오에 떠서 자정에 지며, 해가 진 직후 남쪽 하늘에서 관측할 수 있다.

04. 답 ㄷ
해설 보름달은 해가 진 직후에 떠서 자정에 남중하고, 해가 떠오를 때 지기 때문에 밤동안 내내 관측이 가능하다.

06. 답 2.2
해설 항성월과 삭망월은 약 2.2일 차이가 난다.

07. 답 ①
해설 일식은 태양 - 달 - 지구 순서대로 천체가 배열될 때 달의 그림자에 의해 태양의 일부 또는 전부가 가려지는 현상을 말한다. 달이 태양의 오른쪽에서 왼쪽으로 진행하면서 태양을 가리게 된다.

08. 답 ㉡
해설 그림 (가)는 태양의 일부만 가려지는 현상인 부분 일식이다. 그러므로 달의 반 그림자 속에 있는 지역에서 관측이 가능하다.

11. 답 ④
해설

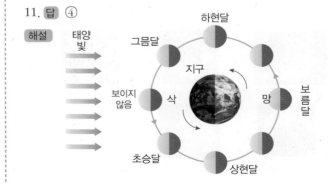

12. 답 ③

해설

	달이 뜨는 시간	남중 시간	달이 지는 시간
상현달 (ⓒ)	정오	해가 질 때(일몰)	자정
보름달 (ⓔ)	해가 질 때(일몰)	자정	해가 뜰 때(일출)
하현달 (ⓐ)	자정	해가 뜰 때(일출)	정오
삭 (ⓑ)	해가 뜰 때(일출)	정오	해가 질 때(일몰)

13. 답 ⑤

해설 해가 뜨기 직전에 남쪽 하늘에서 관측할 수 있는 달은 하현달로, 음력 22~23일 경 관측할 수 있다.

14. 답 ④

해설 달의 위상이 변하여 다시 동일한 위상이 될 때까지 걸리는 시간을 삭망월이라고 하며, 이는 음력 한 달로 약 29.5일이다.

15. 답 ①

해설 ㄷ. 달의 자전 속도와 달의 공전 속도는 모두 13°/일이다. ㄹ. 지구에서 달의 한쪽 면만 관측할 수 있는 것은 달의 자전 주기와 공전 주기가 같기 때문이다.

16. 답 ②

해설 그림은 삭망월을 나타낸다. 삭망월이란 달의 위상이 변하여 다시 동일한 위상이 될 때까지 걸리는 시간을 말한다. ① 달이 A와 B에 위치할 때를 망이라고 한다. ② 달이 A와 B 위치에 있을 때 달의 모양은 보름달이다.

18. 답 ④

해설 ① 월식 현상은 달의 위상이 망일 때 관측이 가능하다. ② (가)는 일식 현상, (나)는 월식 현상을 나타낸 것이다. ③ 월식 현상이 일어날 때 달은 왼쪽부터 가려진다. ④ 월식 현상은 밤이 되는 모든 지역에서 관측할 수 있다. ⑤ 일식 현상이 일어날 때 달이 태양의 오른쪽에서 왼쪽으로 진행하면서 태양을 가리게 된다.

19. 답 ④

해설 ⓒ에 달이 위치해 있을 때는 달이 지구의 반 그림자와 본 그림자 사이에 있기 때문에 달의 일부만 가려지는 부분 월식이 일어나게 된다.

개기 월식

개기 일식

금환 일식

부분 월식

부분 일식

20. 답 ⑤

해설 ⑤ 달이 B 위치에 있을 때는 상현달로 해가 진 직후 남쪽 하늘에 남중한다.
① 한 달 중 조차가 최소가 되는 때인 조금을 나타내는 그림이다.
② 달이 A에 있을 때는 하현으로 음력 22일경이다.
③ 달이 B에 있을 때는 상현으로 음력 7일경이다.
④ 달이 A에 있을 때는 하현달이다.

21. 답 ④

해설 그림 속 달은 해가 뜨기 직전인 새벽에 동쪽 하늘에 떠 있는 그믐달의 모습이다. 그믐달은 음력 26일 경 관찰할 수 있다.
② 자정 무렵에 지는 달은 상현달이다.
⑤ 그믐달은 망에서 삭으로 달의 위상이 변하는 과정에 있다.

22. 답 ⑤

해설

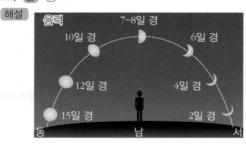

① 초저녁에 남중하는 달은 상현달(C)이다. 보름달인 A는 자정에 남중한다.
② 관측 순서는 E → D → C → B → A이다.
③ 지구가 한 바퀴 자전하는 동안 달도 하루에 13°씩 지구를 공전한다. 그러므로 지구에서 같은 위치에 있는 달을 보기 위해서는 달이 지구 둘레를 약 13° 더 자전했을 때 가능하다. 이때 약 13°를 자전하는데는 약 50분 정도가 더 걸린다. 그러므로 50분씩 늦어지게 된다.
④ 날짜가 지남에 따라 달의 위치는 점점 서쪽에서 동쪽으로 이동하게 된다.

23. 답 ③

해설 달의 공전 궤도인 백도와 지구의 공전 궤도인 황도가 약 5° 기울어져 있기 때문에 황도와 백도가 만나는 곳에서 삭과 망이 될 때에만 일식과 월식이 일어나는 것이다.

24. 답 ③, ④

해설

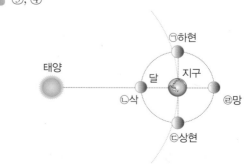

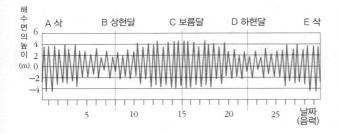

해수면의높이(m)

A 삭   B 상현달   C 보름달   D 하현달   E 삭

6
4
2
0
-2
-4

5   10   15   20   25   날짜(음력)

25. **답** ④

해설 A와 E에서 달의 모양은 삭, B의 위치에서는 오른쪽 반달인 상현달, C의 위치에서는 보름달, D의 위치에서는 왼쪽 반달인 하현달 모양이다.

26. **답** 달의 공전 주기와 달의 자전 주기가 약 27.3일로 같기 때문에 지구에서는 달의 한쪽 면만 관측할 수 있다.

27. **답** 항성월이란 달이 천구 상의 고정된 별을 기준으로 지구 주위를 한 바퀴 돌아 다시 제자리로 돌아오는 데 걸리는 시간으로 약 27.3일이다. 삭망월이란 달이 위상이 변하여 다시 동일한 위상이 될 때까지 걸리는 시간으로 약 29.5일이다. 이들은 약 2.2일 차이가 생기는데 이는 달이 공전하는 동안 지구도 태양 주위를 공전하기 때문에 약 2.2일이 더 지나서야 다시 달의 위상이 같아지는 것이다.

28. **답** 지구가 하루에 한 바퀴씩 자전하는 동안 달도 하루에 약 13°씩 지구를 공전하므로, 달이 뜨려면 달이 공전한 만큼 더 자전해야 하기 때문에 매일 약 50분씩 늦게 뜨는 것처럼 보인다.

29. **답** 달이 서쪽에서 동쪽으로 공전하면서 지구의 그림자 속으로 달의 왼쪽부터 들어가기 때문에 왼쪽부터 가려지는 것이다.

30. **답** 달의 위상이 삭이나 망일 때는 한 달 중 조차가 최대가 되는 사리이다. 이는 태양 - 지구 - 달이 일직선 상에 배열되어 태양의 인력과 달의 인력이 같은 방향에서 작용하여 가장 큰 힘으로 잡아당기기 때문에 만조와 간조 때 해수면의 높이 차이가 가장 큰 것이다.

31. **답** 달의 공전 주기와 자전 주기가 다르다면 달이 공전하면서 자전함에 따라 달의 모든 표면이 지구쪽으로 향하므로 지구에서 달의 모든 면을 관찰할 수 있을 것이다.

32. **답** 달의 크기가 두 배로 커지면 일식 때 태양을 더 넓게 가릴 수 있으므로 일식을 관측하는 지역이 넓어지고 개기 일식과 부분 일식이 일어나는 시간이 모두 길어진다. 월식의 경우에는 부분만 가리는 부분 월식의 시간이 길어지지만 지구의 그림자가 달을 모두 가리는 개기 월식의 시간은 줄어든다.
달의 질량이 커지면 달의 인력이 커지므로 조석 간만의 차가 더 커진다.

18강. Project 5

01 프톨레마이오스의 우주론에서 주장하는 것처럼 지구가 고정된 채 공전과 자전을 하지 않는다면 지구 자전과 공전에 의한 현상이 나타날 수 없을 것이다. 우리나라에서는 늘 낮과 밤의 길이가 같을 것이고, 태양의 고도도 변함이 없기 때문에 지표가 받는 태양 복사 에너지의 양이 변화없으므로 항상 똑같은 계절이 반복될 것이다. 또한 늘 같은 위치에 있는 별자리와 천체들만을 관측하게 될 것이다.

해설 지구가 회전 중심에 고정된 채 태양이 지구 주위를 공전하게 된다면 태양이 겉보기 운동을 하는 것이 아닌 실제 경로에 따라 낮과 밤이 반복될 것이다. 또한 늘 같은 면만을 태양이 지나가기 때문에 같은 지역에서 태양의 고도는 늘 동일하게 될 것이다. 따라서 태양의 고도 변화에 의한 지표가 받는 태양 복사 에너지 양의 변화에 의해 생기는 계절 변화 또한 사라지게 될 것이다.

02 티코 브라헤와 프톨레마이오스가 주장한 우주관의 공통점은 우주의 중심에 지구가 있고, 지구 주변을 달과 태양이 돌고 있다는 사실이다.

해설 티코 브라헤는 천동설과 지동설을 절충시킨 우주관을 주장하였다. 프톨레마이오스는 모든 행성들이 지구를 중심으로 돌고 있다고 주장한 반면에 티코 브라헤는 우주 중심에 지구가 있고, 지구 주변을 달과 태양이 돌고 있다는 사실은 같지만 나머지 행성들은 태양 주변을 돌고 있다고 주장한 점에서는 차이가 있었다.

03 프톨레마이우스의 천동설로 설명할 수 없는 금성의 모양 변화와 지구의 공전은 갈릴레이가 망원경을 통해 발견하였다.

04 지구 공전에 의한 현상들로는 계절의 변화와 낮과 밤의 길이 변화, 계절에 따른 별자리의 변화, 천체들의 연주 운동이 있다.

해설 지구가 태양을 중심으로 일 년에 한바퀴씩 서쪽에서 동쪽으로 회전하는 것을 지구의 공전이라고 한다. 지구의 공전에 의해 상대적으로 태양은 별자리 사이를 서쪽에서 동쪽으로 이동하는 것처럼 보이게 된다. 이러한 현상을 태양의 연주 운동이라고 한다. 또한 이러한 지구 공전에 의한 태양의 연주 운동으로 인하여 계절에

따라 보이는 별자리가 달라지게 된다. 그리고 지구가 자
전축이 기울어진 채 태양 주위를 공전하기 때문에 태양
의 남중 고도와 낮과 밤의 길이가 달라지면서 계절의 변
화도 생기게 된다.

탐구1 - 일식의 진행 과정　　　76쪽

탐구 과제

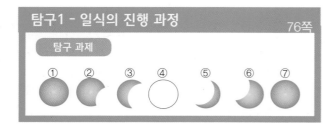
① ② ③ ④ ⑤ ⑥ ⑦

해설 태양이 달의 그림자에 의해 가려져서 지구의 특정한
지역에서 태양의 일부 혹은 전체가 보이지 않는 현상을 일식
이라고 한다. 달의 본그림자가 생기는 지역에서는 태양이 달
에 의해 전부 가려지는 개기 일식이 일어나는 것을 관찰할
수 있고, 달의 반그림자가 생기는 지역에서는 태양이 일부만
가려지는 부분 일식을 관찰할 수 있다.

달의 그림자의 중심이 지나가는 지점에서 관측할 때, 달은
태양의 오른쪽부터 가리기 시작하여 부분 일식이 되며, 점
점 진행되면서 개기 일식이 되고, 개기 일식이 끝나면 다시
태양의 오른쪽부터 모습을 보이기 시작하면서 일식이 끝난
다. 개기 일식이 이어지는 시간은 최대 7분 30초 정도이며,
보통은 몇 분 정도로 끝이 난다.

개기 일식은 전체적으로 약 18개월에 한번씩 발생하지만,
특정한 장소에서 일어날 확률은 평균 370년에 한 번 정도이
다.

탐구2 - 월식의 진행 과정　　　77쪽

탐구 과제

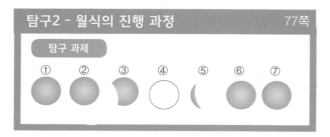
① ② ③ ④ ⑤ ⑥ ⑦

해설 지구의 그림자에 의해 달이 가려지는 현상인 월식은
지구의 본그림자에 의해서만 일어나기 때문에 반그림자 속
의 달은 약간 흐리게만 보인다. 그러므로 아래 그림과 같이
월식은 진행하게 된다. 달이 지구의 그림자 속을 오른쪽에
서 왼쪽 방향으로 들어가면서 진행하기 때문에 지구에서 본
달은 왼쪽부터 가려지게 되며, 지구의 본그림자 중심부를
달의 중심이 통과하는 경우, 개기 월식은 최대 1시간 40분
동안 지속된다.

① ② ③ ④ ⑤ ⑥ ⑦

달 전체가 지구의 본 그림자 속에 들어갈 때는 개기 월식,
달의 일부만 지구의 그림자에 의해 가려질 때는 부분 월식
을 관찰할 수 있다.

Ⅱ 외권

19강. 태양계와 태양

개념 확인　　　80~83쪽

1. 공전, 태양계　　**2.** (1) ㉡ (2) ㉠
3. 금성　　**4.** (1) ㉡ (2) ㉠

확인+　　　80~83쪽

1. ④　　**2.** ③　　**3.** ①　　**4.** 태양

1. 답 ④
해설 태양은 태양계에서 유일하게 스스로 빛을 내는 항성
이다.

2. 답 ③
해설 지구의 공전 궤도 안쪽에서 태양 주위를 공전하는 행
성들을 내행성이라고 한다. 내행성에는 수성과 금성이 있다.

개념 다지기　　　84~85쪽

| 01. ② | 02. ⑤ | 03. ④ |
| 04. ③ | 05. ⑤ | 06. ① |

01. 답 ②
해설 위성은 행성의 주위를 도는 천체이다.

03. 답 ④
해설 내행성은 하루 중 관측 가능 시간이 짧다. 초저녁(서
쪽 하늘), 새벽(동쪽 하늘)에만 관측이 가능하다.

04. 답 ③
해설

	지구형 행성	목성형 행성
크기	작다	크다
질량	작다	크다
평균 밀도	크다	작다
위성 수	적거나 없다	많다
고리	없다	있다

05. 답 ⑤

해설 태양계에서 가장 작은 행성은 수성이고, 가장 큰 행성은 목성이다.

06. 답 ①

해설 태양은 지구 자전, 공전 방향과 동일하게 서쪽에서 동쪽으로 자전한다.

유형 익히기 & 하브루타　　　　　86~89쪽

[유형 19-1] ④	**01.** ③	**02.** ②
[유형 19-2] ③	**03.** ②	**04.** ④
[유형 19-3] ⑤	**05.** ③	**06.** ④
[유형 19-4] ⑤	**07.** ③	**08.** ②

[유형 19-1] 답 ④

해설 ① 태양계를 구성하는 천체들 중 수성과 금성을 제외한 나머지 행성들만 위성을 갖는다. ② 소행성은 모양이 불규칙한 천체이다. ③ 태양계는 태양을 비롯하여 태양 주위를 공전하는 천체와 이들이 차지하는 공간을 말한다. ⑤ 화성과 목성의 궤도 사이에 모여 띠를 이루고 있는 모양이 불규칙한 천체를 소행성이라고 한다.

02. 답 ②

해설 행성은 지구를 비롯하여 태양의 둘레를 타원 궤도로 공전하는 8개의 천체인 수성, 금성, 화성, 목성, 토성, 천왕성, 해왕성이다.

[유형 19-2] 답 ③

해설 ㄱ은 지구형 행성, ㄴ은 목성형 행성이다. ③ 지구형 행성의 자전 주기는 1일 이상으로 길다.

03. 답 ②

해설 지구 공전 궤도 안쪽에서 태양 주위를 공전하는 행성인 내행성에는 수성과 금성이 있다. 지구 공전 궤도 바깥쪽에서 태양 주위를 공전하는 행성인 외행성에는 화성, 목성, 토성, 천왕성, 해왕성이 있다.

04. 답 ④

해설 A로 분류되는 행성은 크기와 질량이 모두 큰 행성들이다. 그러므로 목성, 토성, 천왕성, 해왕성이 포함된다.

[유형 19-3] 답 ⑤

해설 표면에 대기로 인한 소용돌이로 생긴 대흑점(검은점)이 나타나는 행성은 해왕성이다. ① 목성 ② 지구 ③ 토성 ④ 태양이다.

05. 답 ③

해설 화성의 지름은 지구의 절반이고, 질량은 지구의 1/10

정도이다. 표면은 산화철 성분의 암석과 흙으로 되어 있어 붉게 보인다. 포보스와 데이모스 2개의 위성이 있다.

[유형 19-4] 답 ⑤

해설 ①, ② A는 흑점, B는 쌀알 무늬이다. ③ 흑점은 지구에서 볼 때 동쪽에서 서쪽으로 이동한다. ④ 쌀알 무늬와 흑점은 눈에 보이는 태양의 둥근 표면에 나타나는 것이다.

07. 답 ③

해설 오로라는 태양의 활동이 활발할 때 지구에 나타나는 현상 중 하나이다. 태양의 활동이 활발할 때 태양에서는 태양 표면의 흑점수가 많아지고, 코로나의 크기가 커지며, 홍염과 플레어가 자주 발생하여 태양풍이 더욱 강해진다.

08. 답 ②

해설 태양의 평균 밀도는 약 $1.4 \, g/cm^3$ 로 물보다 약간 크다.

창의력 & 토론마당　　　　　90~93쪽

01

(1) 운석 충돌로 인하여 생긴 구덩이가 가장 오랫동안 보존될 가능성이 큰 행성은 B이다. 그 이유는 운석 충돌로 인하여 생긴 구덩이가 오랫동안 보존이 되기 위해서는 풍화와 침식에 의한 작용이 없어야 한다. 행성 B에는 대기가 없고, 물도 존재하지 않기 때문에 풍화와 침식에 강하여 운석 구덩이가 오래 보존될 것이다.

(2) 동일한 야구공을 던졌을 때 더 멀리 날아가는 행성은 B일 것이다. 그 이유는 행성 B는 총 질량은 지구와 같으나 반지름이 지구의 2배이기 때문에 표면 중력이 가장 작으므로 야구공이 가장 멀리 날아갈 것이다.

01. 해설 (1) 행성 A는 약간의 물만이 있기 때문에 지구 보다는 풍화와 침식 작용이 없지만 행성 B보다는 풍화와 침식 작용이 있을 것이다.

(2) 표면 중력은 동일한 질량일 때 반지름이 작을수록 커지며, 동일한 크기일 때 질량이 클수록 커진다. 행성 A는 크기는 지구와 동일하지만 질량이 조금 더 커서 표면 중력이 지구보다 조금 더 크며, 대기 밀도 또한 지구의 70배이기 때문에 공기의 저항이 커져서 야구공은 지구보다도 적게 날아갈 것이다.

02 목성형 행성은 대표적인 물리적 특성은 적도 반지름이 매우 크고, 가스로 이루어져 있으며, 고리가 있는 것이다. 하지만 명왕성은 적도 반지름의 크기도 매우 작고 고리도 없어서 목성형 행성의 물리적 특성을 갖지 못한다. 그렇다고 크기는 지구형 행성의 물

리적 특성과 같이 작지만 밀도가 작아서 밀도가 높고 단단한 암석 형태의 지구형 행성도 아니다. 그러므로 행성을 지구형 행성, 목성형 행성으로 분류할 때 명왕성은 어느 쪽으로 분류하기는 어렵다.

02. 해설 행성은 충분히 커야 하고 구형을 유지해야 하며 독립된 궤도로 태양 주위를 돌아야 한다. 또한 행성은 충분한 중력으로 주변 궤도의 천체들을 흡수할 수 있어야 한다. 카이퍼 띠처럼 궤도를 어지럽히는 얼음 부스러기들을 흡수하기에 명왕성은 너무 크기가 작다. IAU 총회에서 이 문제를 표결에 부쳐 명왕성은 발견된 지 76년 만에 태양계의 행성에서 제외되었다.
국제천문연맹(IAU)은 2006년 8월 24일에 행성(planet)을 다음과 같이 정의하였다.
1. 태양 주위를 공전하는 궤도를 가진다.
2. 천체의 모양을 구형으로 유지하는 질량을 가진다.
3. 다른 행성의 위성이 아니다.
4. 궤도 주변의 다른 천체를 배제한다.
그리고 1~3번째 조건은 만족하나 4번째 조건을 만족하지 못하는 천체를 왜행성(왜소행성, dwarf planet)으로 정의하였다. 이에 따라 명왕성과 에리스는 소행성 세레스(Ceres)와 더불어 왜행성으로 분류되었으며, 2008년에는 하우메아(Haumea)와 마케마케(Makemake)를 왜행성으로 인정하였다.

03. 자전 방향에 따른 차이 : 금성 이외의 대부분의 태양계 행성들은 태양이 동에서 떠서 서로 지지만, 금성에서는 서에서 떠서 동으로 진다.
자전축의 기울기에 따른 차이 : 금성에서는 계절의 변화가 거의 없고, 북극의 위치가 지구와 정반대에 위치하고 있다.

04. 화성은 자전축이 지구와 거의 같은 정도(약25°) 기울어져 있기 때문에 지구와 비슷하게 계절의 변화가 있다. 또한 과거 화성에 물이 있었던 흔적이나 유기물의 흔적들이 계속 발견이 되고 있으며, 지구와 비교적 가까운 거리에 있기 때문에 화성을 선택하였을 것이다.

04. 해설 화성 탐사는 1976년 바이킹 탐사선 이후로 계속 되고 있다. 그로인하여 정밀한 화성 지도를 완성했으며 화성에 생명체가 존재할 가능성도 있다는 사실이 계속 발견되고 있다. 하지만 아직 인류가 직접 가 본 천체는 달이 유일하다. 화성이 지구와 가장 가까워지는 때를 골라서 우주선을 보내도 2, 3일 이면 도착하는 달과는 달리 화성 까지는 180~210일 정도가 걸린다. 또한 돌아오기 위해서도 두 천체가 다시 가까워질 때를 기다렸다가 지구로 돌아오려면 2년을 더 화성에 있

어야 한다. 2007년 NASA에서 연구한 유인화성탐사 설계안에 따르면 화성에 다녀오는 데 필요한 임무 기간이 895~950일 이며, 우주인이 생활하고 돌아오는데 필요한 물품의 무게가 모두 800~1,200이나 된다. 거기에 화성에 도착한 후 다시 지구로 돌아오기 위해서는 충분한 연료도 필요하기 때문에 화성까지 운반해야할 무게는 어마어마해 진다. 현재 우주로 1kg을 운반하는 데 3천만 원 정도가 필요하다. 따라서 1,200톤의 우주선을 우주 공간으로 운반하기 위해서는 3조 6,000억원이 넘게 필요하다. 아직은 기술적으로 부족한 부분이 많은 화성 탐사 계획이다.

05. 운석은 태양계 내의 유성체가 지구 대기로 끌려 들어오면서 다 타지 못하고 지구 표면에 떨어진 것이다. 그러므로 지구를 벗어나지 않고서 태양계를 이루는 천체의 구성 성분에 대해 알 수 있다.

05. 해설 태양계 초기에 있었던 작은 소행성들이 충돌하여 큰 소행성이나 지구와 같은 행성을 만들게 된다. 이 과정에서 소행성의 물질이 충돌과 열로 인하여 많은 변형이 생기는데, 특히 초기의 뜨거운 큰 소행성이나 행성에서 무거운 철은 중심에 모여 핵을 형성하게 된다. 이와 반대로 큰 소행성이나 행성의 일부가 되지 못한 운석들에는 철이 분포하게 된다. 이런 충돌과 열로 인한 변형을 겪지 않은 소행성에서 떨어져 나온 운석을 시원 운석이라 하며 진주에서 발견된 운석이 이에 속한다. 이에 비해 철로만 이루어진 철운석이나 철의 함량이 매우 높은 석철질 운석은 조금 다르다. 철운석은 핵이 만들어진 큰 규모의 소행성이 충돌로 인해 내부의 철핵이 떨어져 나간 경우에 생기고, 석철질 운석은 철핵과 주변의 돌이 섞여 떨어져 나간 경우에 만들어 지기 때문이다. 이런 운석을 분화 운석이라 한다. 운석의 외관상 가장 큰 특징은 색깔이다. 운석은 초속 10km이상의 속도로 대기권을 진입하는 동안 운석의 앞쪽에 생긴 대기의 압축에 의해 만들어진 1,800℃이상의 고온에 노출되면서 검은색 또는 검붉은 색을 띄게 된다. 하지만 운석은 겉과 속이 다른 색으로 되어 있으며 만약 속까지 검은 돌이라면 운석이 아니다. 다른 특징은 운석은 철을 포함하고 있는 경우가 대부분이기 때문에 자석에 반응을 한다는 점과 지구상의 돌의 밀도는 보통 2-3g/㎤이고 이에 비해 무거운 운석의 밀도는 3-7g/㎤로 밀도가 크다는 점이 있다.

01. 유성, 운석	**02.** ④
03. (1) ○ (2) ○ (3) X	**04.** (1) 지 (2) 목 (3) 목
05. ㄱ　　**06.** ㄷ	**07.** ㅂ
08. ㄱ. 흑점 ㄴ. 쌀알 무늬	**09.** 수소, 헬륨, 서, 동
10. 동, 서　**11.** 화성, 목성	**12.** AU
13. ⑤　**14.** ④　**15.** 서, 동	**16.** ①
17. ⑤　**18.** ③　**19.** ④	**20.** ④
21. ④　**22.** ④　**23.** ②	**24.** ②
25. ⑤　**26.~ 32.** 〈해설 참조〉	

02. 답 ④

해설 ① 태양은 태양계에서 유일하게 스스로 빛을 내는 항성이다. ② 달은 지구 주위를 도는 위성이다. ③ 태양계를 구성하는 천체 중 행성의 일부만 위성이 있다. ⑤ 태양을 비롯하여 태양 주위를 공전하는 천체와 이들이 차지하는 공간을 태양계라고 한다.

03. 답 (1) ○ (2) ○ (3) X

해설 (3) 한밤중에 남쪽 하늘에서 밝게 빛나는 행성은 외행성이다.

05. 답 ㄱ

해설

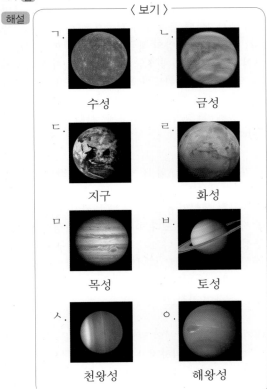
〈 보기 〉
ㄱ. 수성　ㄴ. 금성　ㄷ. 지구　ㄹ. 화성　ㅁ. 목성　ㅂ. 토성　ㅅ. 천왕성　ㅇ. 해왕성

해설 태양계에서 가장 작은 행성은 수성이다.

06. 답 ㄷ

해설 물과 대기가 있어서 생명체가 존재하는 유일한 행성은 지구이다.

07. 답 ㅂ

해설 암석과 얼음 조각으로 이루어진 뚜렷한 고리가 있는 행성은 토성이다.

13. 답 ⑤

해설
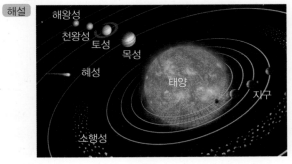
해왕성　천왕성　토성　목성　혜성　태양　지구　소행성

14. 답 ④

해설 ㅂ은 지구이다. 지구는 태양의 둘레를 타원 궤도로 공전하는 행성이다. 스스로 빛을 내는 항성은 태양계에서 태양이 유일하다.

15. 답 서, 동

16. 답 ①

해설 지구형 행성은 크기가 작고, 평균 밀도가 크다. 그러므로 그래프상의 ㄱ에 해당한다.

17. 답 ⑤

해설 목성형 행성은 크기가 크고, 평균 밀도는 작다. 그러므로 그래프상의 ㅁ에 해당한다. 목성형 행성에는 목성, 토성, 천왕성, 해왕성이 있다.

18. 답 ③

해설 화성의 표면온도는 약 -140℃~20℃ 정도로 평균온도는 약 -80℃이다. 이렇게 낮은 온도는 화성의 대기가 희박하기 때문에 열을 유지할 수 없기 때문이라 알려져 있다. 화성의 극지방에 존재하는 극관(빙관) 또한 낮은 온도로 인해 존재가 가능하다.

19. 답 ④

해설
〈 보기 〉
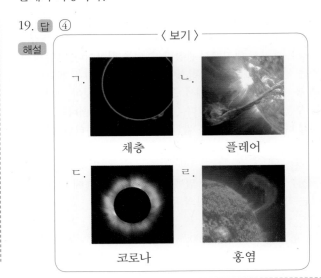
ㄱ. 채층　ㄴ. 플레어　ㄷ. 코로나　ㄹ. 홍염

20. 답 ④

해설 태양 활동이 활발해지면 흑점의 이동이 빨라지는 것이 아니라 흑점수가 많아진다.

21. 답 ④
해설

	수성	화성	지구	목성	천왕성	금성
반지름	0.38	0.53	1	11.2	4.0	0.95
질량	0.06	0.1	1	318	14.5	0.8
밀도	5.4	3.9	5.5	1.3	1.3	5.2
위성 수	0	2	1	64	27	0
고리	X	X	X	O	O	X

행성들을 두 집단으로 분류하는 방법은 2가지가 있다. 내행성과 외행성을 분류하거나 지구형 행성과 목성형 행성으로 분류하는 것이다. 내행성과 외행성으로 분류를 하면 A, E와 B, C, D로 분류할 수 있고, 지구형 행성과 목성형 행성으로 분류하면 A, B, 지구, E와 C, D로 분류할 수 있다.

22. 답 ④
해설 ① 내행성은 A와 E이다.
② E가 B보다 태양과 가깝다. 태양과 가까운 순서는 A - E - 지구 - B - C - D이다.
③ 목성은 외행성이기 때문에 초저녁부터 새벽까지 관측이 가능하다.
⑤ E는 지구형 행성으로 자전 주기가 1일 이상으로 길다.

23. 답 ②
해설 ① 달과 비슷한 지형을 보이는 행성은 수성이다. 수성에는 달과 마찬가지로 크레이터가 많다. ③ 자전축이 공전면과 거의 나란한 행성은 천왕성이다. 이로 인하여 양극 지역은 공전 주기의 절반인 42년 마다 여름과 겨울이 바뀐다. ④ 태양계 행성 중 2번째로 큰 행성은 토성으로, 물보다 밀도가 작다. ⑤ 금성의 대기는 약96%가 이산화 탄소로 이루어져 있기 때문에 온실 효과로 인하여 표면 온도가 매우 높다.

24. 답 ②
해설 ① 태양의 표면을 태양의 광구라고 한다. ③ 플레어 현상은 태양의 대기에서 관찰할 수 있는 현상이다. 태양의 대기는 광구가 매우 밝아 평소에는 보기 어려우나, 개기 일식 때 볼 수 있다. ④ 광구에서 주위보다 온도가 낮아 검게 보이는 부분을 흑점이라고 한다. ⑤ 광구 밑에서 일어나는 대류에 의해 나타나는 작고 밝은 쌀알모양의 무늬가 나타난다.

25. 답 ⑤
해설 쌀알 무늬는 광구 밑에서 일어나는 대류에 의해 나타나는 작고 밝은 쌀알모양의 무늬이다.

26. 답 금성은 대기의 96.5 % 가 이산화 탄소로 이루어져

있다. 이로 인한 온실 효과로 인하여 표면 온도가 약 470 ℃로 매우 높은 것이다.

27. 답 외행성은 지구의 바깥쪽 공전궤도를 돌기 때문에, 낮에는 태양에 가려 관측할 수 없고 해가 진 후에야 관측이 가능하다.
A 의 위치에 행성이 있을 경우에는 정오에 뜨지만 해가 있기 때문에 보이지는 않고 해가 진 직후부터 자정까지 관측 가능하다. B 의 위치에 행성이 있을 경우에는 외행성을 관측하기에 최적의 위치로써, 지구와 가장 가까운 거리에 위치해 있어서 위상도 크고 보름달 모양으로 보인다. 태양의 정반대편에 위치하여, 일몰 직후부터 다음날 일출 직전까지 12 시간 동안 관측이 가능하다. C 의 위치에 행성이 있을 경우 자정에 떠서 일출 직전까지 6 시간 동안 관측이 가능하다. D 의 위치에 행성이 있을 경우 지구와의 거리가 가장 멀어서 크기가 작아지며, 태양의 뒷편에 있기 때문에 행성의 모습을 관측할 수 없다.

28. 답 대기 중에 있는 메테인 가스가 태양 빛 중에서 빨간색을 흡수하여 행성이 청록색으로 보이는 것이지만, 지구는 표면에 물이 많아 우주에서 푸르게 보이는 것이다.

29. 답 ㄱ 은 목성의 대적반, ㄴ 은 해왕성의 대흑점이다. 이들은 행성의 빠른 자전과 그로 인한 표면 대기의 소용돌이로 인하여 생기는 것이다.

30. 답 태양의 흑점을 일정한 시간 간격으로 관찰해 보면 흑점이 지구에서 볼 때 동쪽에서 서쪽으로 이동하는 것을 볼 수 있다. 이를 통해 태양의 북극에서 적도쪽으로 관찰한다면 태양이 서쪽(오른쪽)에서 동쪽(왼쪽)으로 자전하고 있음을 알 수 있다. 또한 고위도의 흑점이 저위도의 흑점보다 느리게 이동하는 것을 통해 (자전 주기가 위도에 따라 다르다는 사실을 통해) 태양의 표면이 고체 상태가 아니라는 것을 알 수 있다.

31. 답 C 가 지구이므로 A와 B는 물리량에 따라 행성을 구분하면, A 는 수성, B는 금성, C 는 지구, D 는 목성, E 는 토성이다. 지구형 행성인 A, B 와 C 는 목성형 행성인 D 와 E 에 비해 작지만 밀도는 크다. 이는 지구형 행성과 목성형 행성은 구성하는 성분이 다르기 때문이다. 지구형 행성은 암석, 목성형 행성은 기체로 되어 있다. 밤과 낮의 기온차가 가장 큰 것은 대기가 없는 A(수성)이다. 또한 표면 중력이 가장 큰 것은 질량이 가장 큰 목성이다.

32. 답 대기의 밀도는 행성의 밀도에 큰 영향을 주지 않으며, 내부 구성 물질이 균일하지만 반지름이 지구의 4배이므로 지구의 밀도보다 64 배 작을 것이다. (밀도 = 질량 ÷ 부피)

20강. 별 관측

개념 확인   100~103쪽

1. 별자리   **2.** 공전, 9, 남
3. (1) ㉠ (2) ㉡   **4.** 6개월, $\frac{1}{2}$

확인+   100~103쪽

1. ③   **2.** ⑤   **3.** ④   **4.** ③

1. 답 ③
해설 북쪽 하늘의 북극성 부근에 있는 별자리들은 계절에 상관없이 항상 볼 수 있기 때문에 다른 별자리를 찾는 길잡이로 사용된다.

2. 답 ⑤
해설 백조 자리는 여름철에 볼 수 있는 별자리이다.

개념 다지기   104~105쪽

01. ⑤   **02.** ③   **03.** ②
04. ③   **05.** ⑤   **06.** ②

01. 답 ⑤
해설 ①, ⑤ 북쪽 하늘의 북극성 부근에 있는 별자리들은 계절에 상관 없이 항상 볼 수 있기 때문에 다른 별자리를 찾는 길잡이로 사용된다. ② 위도별로 관측할 수 있는 별자리는 다르다. ③, ④ 매일 같은 시각에 보는 별자리의 위치는 하루에 약 1° 씩 동에서 서로 움직인다.

02. 답 ③
해설 ①, ④ 같은 지역이라도 지구가 서→동으로자전하기 때문에 시간에 따라 별자리가 동→서로 움직인다. ② 계절에 따라 별자리가 변하는 것은 지구가 공전하기 때문이다. ⑤ 계절마다 밤 9시 무렵에 남쪽 하늘에서 볼 수 있는 별자리를 계절별 별자리라고 한다.

03. 답 ②
해설 여름철에 볼 수 있는 별자리는 거문고자리, 백조자리, 독수리자리가 있다.

04. 답 ③
해설

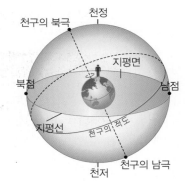

05. 답 ⑤
해설

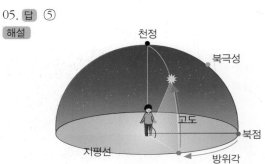

06. 답 ②
해설 연주 시차와 별까지의 거리는 반비례하다.

별	A	B	C
연주 시차	0.012	0.37	0.09
거리(pc)	83	2.7	11

유형 익히기 & 하브루타   106~109쪽

[유형 20-1] ⑤	**01.** ①	**02.** ⑤
[유형 20-2] ⑤	**03.** ③	**04.** ⑤
[유형 20-3] ④	**05.** ③	**06.** ③
[유형 20-4] ③	**07.** ③	**08.** ④

[유형 20-1] 답 ⑤
해설 북쪽 하늘의 북극성 부근에 있는 별자리들은 계절에 상관없이 항상 볼 수 있기 때문에 다른 별자리를 찾는 길잡이로 사용된다.

01. 답 ①

해설 ② w 자 모양의 별자리는 카시오페이아자리이다. ③ 북두칠성을 포함한 별자리는 큰곰자리이다. ④ 밤하늘의 북극성은 북두칠성과 카시오페이아자리를 이용하여 찾을 수 있다. ⑤ 북극성을 포함한 별자리는 작은곰자리이다.

02. 답 ⑤

해설 ㄱ. 우리나라에서는 국제천문연맹에서 정한 표준 별자리 중 67개의 별자리만 볼 수 있으며, 완전히 볼 수 없는 별자리도 9개가 있다.

[유형 20-2] 답 ⑤

해설 (가)는 겨울의 대표 별자리, (나)는 봄의 대표 별자리이다. 계절마다 밤9시 무렵에 남쪽 하늘에서 볼 수 있는 별자리가 계절별 별자리이다. 계절별 별자리는 지구가 공전하기 때문에 달라지게 된다.

03. 답 ③

해설

04. 답 ⑤

해설 가을철에 볼 수 있는 별자리는 안드로메다자리, 페가수스자리, 양자리, 고래자리, 물고기자리, 물병자리, 남쪽물고기자리가 있다.

[유형 20-3] 답 ④

해설 방위각이란 북점을 기준점으로 지평선을 따라 시계 방향으로 별이 있는 방향까지 잰 각이다. 그림에서 별은 북점의 정 동쪽에 위치하므로 별의 방위각은 90°이다. 고도는 지평선에서 별이 떠있는 높이까지 수직선을 따라 잰 각으로 그림에서 별은 고도 50°에 위치하고 있다.

05. 답 ③

해설 ① 천구의 북극, 천구의 남극, 천구의 적도는 관측자의 위치에 따라 변하지 않는다. ② 지평선, 북점, 남점은 관측자의 위치에 따라 변하는 값이다. ④ 관측자의 발 밑에 있는 천구 상의 점을 천저라고 한다. ⑤ 천구는 관측자를 중심으로 크기가 무한대인 가상의 구형 하늘을 말한다.

06. 답 ③

해설 ①, ④ 고도는 지평선에서 별이 떠있는 높이까지 수직선을 따라 잰 각으로 0° ~ 90° 사이의 값으로 나타낸다. ②, ⑤ 방위각은 북점 (또는 남점)을 기준점으로 지평선을 따라 시계 방향으로 별이 있는 방향까지 잰 각을 말하며, 0° ~ 360° 사이의 값으로 나타낸다.

[유형 20-4] 답 ③

해설 ① ㄱ 은 시차이고, ㄴ 이 시차의 절반인 연주 시차이다. ② 시차도 별까지의 거리가 멀어질수록 작아진다. ④ 지구의 처음 위치에서 별은 천구 상의 B 에 위치한 것처럼 보인다. ⑤ 연주 시차를 이용하면 100 pc 이내의 비교적 가까운 별까지의 거리를 구하는 경우에만 이용한다.

07. 답 ③

해설 $\dfrac{1}{\text{연주 시차}} = \dfrac{1}{0.5} = 2\text{pc}$

08. 답 ④

해설 연주 시차와 별까지의 거리는 반비례 관계이다.

별	A	B	C	D	E
거리 (pc)	2.5	18	5	0.2	45
연주 시차	0.4	0.05	0.2	5	0.02

창의력 & 토론마당 110~113쪽

01
(1) 우주 공간 속에 떠 있는 별들이나 행성들의 거리는 지구와 가장 가까운 달조차 3일 정도 걸리기 때문에 지구에서 보는 것과 같이 촘촘하게 보이지는 않을 것이다.

(2) 반짝이는 모든 것이 항성인 별은 아니다. 멀리 있는 외부 은하도 하나의 별로 보이며, 우주에 떠 있는 행성이나 위성, 인공 위성들도 태양 빛을 반사시키므로 지구에서 볼 때 반짝이게 보인다.

(3) 별은 스스로 빛을 내는 항성이다. 하지만 금성은 스스로 빛을 내지 못하고 태양빛을 반사시키는 행성이기 때문에 과학적 의미로만 본다면 별이라고 불러서는 안된다.

01. 해설 (1) 우주에 있는 별의 개수는 상상을 초월할 정도로 많다. 태양계가 속해 있는 우리 은하에만 약 2000억 개의 별들이 있다고 한다. 만약 성능이 좋은 망원경을 이용하여 이 모든 별을 하나하나 들여다 보는데 1초씩을 사용한다면 6000년 이상이 걸린다고 한다. 하지만 그럼에도 불구하고 우주는 근본적으로 텅텅 비어 있다고 할 수 있다. 엄청난 개수의 별들이 차지하는 면적보다 우주의 면적이 훨씬 넓기 때문이다. 다만 우리 눈에 촘촘하게 떠있는 것처럼 보이는 것은 별이 나란하게 평면적으로 분포해 있는 것이 아니라 지구와의 거리가 모두 달라서 앞뒤 방향으로 입체적으로 분포되어 있기 때문에 우리 눈에는 겹쳐서 보이는 것이다.

(2) 옛날 사람들은 밤하늘에 밝게 빛나는 모든 것들을 별로 생각하였다. 항성과 행성의 구분 없이 모두를 별로 생각한 것이다. 항성과 행성을 제대로 구분하는 방

법이 밝혀지기 까지는 기술적인 문제로 인하여 수천 년의 시간이 걸렸다. 행성은 스스로 빛을 만들지 못하며 태양의 빛을 반사하여 대부분 더 밝고 차분한 빛을 낸다. 반면에 항성은 스스로 빛을 낸다. 별들은 태양과 같은 종류의 천체, 즉 항성이다.

02

(1) 아지랑이가 생기는 것과 별이 우리 눈에 반짝이게 보이는 공통적인 이유는 빛이 지나가는 공기의 밀도가 균일하지 못하기 때문이다.

(2) 별빛은 밀도가 일정하지 않은 대기층을 통과하면서 굴절되는 정도가 달라져서 반짝거리는 것처럼 보이는 것이다. 그러므로 공기가 없는 달이나 우주에서는 별이 덜 반짝거릴 것이다.

02. 해설 (1) 별에서 오는 빛은 대기층의 공기를 지나 우리 눈에 들어오게 된다. 이 대기층은 공기 밀도가 균일하지 않을 뿐만 아니라 공기의 대류에 의해서 밀도도 계속 변하게 된다. 그러므로 공기의 밀도에 따라 굴절되는 정도가 달라지기 때문에 별빛이 우리 눈에 들어오는 방향은 시간에 따라 조금씩 바뀌게 되므로 별빛이 밝아졌다 어두워졌다 하면서 반짝이는 것처럼 보이게 되는 것이다. 바람이 부는 날은 대기층의 공기 밀도가 더 많이 변하므로 별이 더 반짝이는 것처럼 보인다. 또한 추운 겨울 밤에는 찬공기가 안정되어 있기 때문에 별이 더 또렷하게 잘 보이게 된다.

03

(1) 현재 자정 무렵 정남쪽에 보이는 별자리는 쌍둥이자리이므로 현재 1월 경임을 알 수 있다. 또한 약 2시간 후에 정남쪽에 보이는 별자리는 게자리이다.

(2) 지구는 반시계 방향으로 공전을 한다. 1년인 12개월 동안 한바퀴를 돌기 때문에 6개월 후 자정 무렵에 남쪽 하늘에서 보이는 별자리는 쌍둥이자리의 정반대편에 있는 궁수 자리이다.

(3)

기호	잘못된 이유
㉠	하지점은 황소 자리 - 쌍둥이 자리 부근이고, 저녁에 남쪽 하늘에 상현달이 있을 춘분점은 사자 자리 - 처녀 자리 부근이다.
㉡	하짓날 태양의 남중 고도는 약 76°이고 상현달의 남중 고도는 약 52.5°로 차이가 난다.
㉢	거문고 자리는 황도 12궁이 아니다. 행성인 목성은 황도 12궁에서만 관측할 수 있다.
㉤	해왕성은 맨눈으로 보이는 행성이 아니다. (약 8등급, 눈의 한계 등급은 5~6등급 정도이다.)

03. 해설 (1) 그림 (가)에서, 자정 현재 정남쪽에 위치한 별자리는 쌍둥이자리이다. 자정에 정남쪽에 위치한 별자리는 태양과 정반대 위치의 별자리이다. 그림 (나)에서 쌍둥이자리가 태양과 정반대인 위치는 지구의 1월 경이다.

하루에 12개의 별자리가 돌아가므로 2시간에 한 개의 별자리가 돌아가는 것이다. 북반구에서 남쪽을 향하여 관측할 때 별자리는 지구의 자전 방향인 반시계 방향(서→동)의 반대인 시계 방향(동→서)으로 돌아가므로 약 2시간 후에 정남쪽에서 보이는 별자리는 그림 (가), (나)에서 게자리이다.

(2) 태양의 북극에서 볼 때 지구는 반시계 방향으로 공전한다. 6개월 후 7월이 되면 자정 무렵 정남쪽 하늘(태양의 정반대 방향)에서는 궁수자리를 관찰할 수 있다.

(3) ㉠ 하짓날 태양은 황도12궁의 쌍둥이 자리를 지나고 있고, 자정에 남쪽 하늘에는 궁수 자리를 관측할 수 있다. 아래 그림을 참고하면 저녁(태양(쌍둥이자리)이 서쪽 끝, 동쪽 끝에 궁수자리)에 상현달이 남쪽 하늘에서 관측될 때, 상현달 위치의 별자리는 황소자리가 아니라 추분점 근처의 사자자리-처녀자리 사이이다.

㉡ 서울(위도 37.5°)에서 하짓날 태양의 남중고도는 90-37.5+23.5 = 약 76°이다. 상현달은 그림과 같이 추분점 근처에 위치하므로(추분점과 일치하지는 않는다.) 남중고도(추분점)는 90-37.5 = 약 52.5°로 차이가 난다.

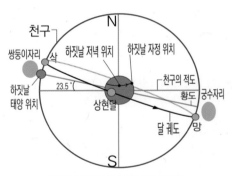
〈하짓날 밤 추분점에서 바라본 천구〉

㉢ 행성의 공전 궤도는 거의 일치하므로 목성을 포함한 모든 행성은 황도 근처의 황도 12궁 별자리에서 찾을 수 있다. 하지만 거문고자리는 황도와 떨어져 있는 별자리이므로 거문고자리 근처에서 목성을 관측할 수 없다.

㉤ 해왕성은 황도12궁인 염소자리와 물병자리 사이에 존재할 수는 있으나 매우 어두워서 맨눈으로 관측할 수 없다.

㉥ 은하수는 지구에서 봤을 때 은하의 나선팔이나 은하 원반쪽 별들이 집중된 지역이다. 이 지역에 성운이나 성단이 존재하므로 망원경으로 관측할 수 있다.

04

별자리를 별자리 판으로 관찰하는 경우, 북쪽을 향해 서서 별자리판을 뒤집어 하늘로 향하게 한다. 그렇게 되면 별자리판의 방위와 실제 지구의 방위와 일치하게 된다. 그러므로 별자리판을 아래로 내려서 보면 실제 방위와 다르게 동과 서가 반대로 되는 것이다.

01. 1, 동, 서   **02.** (1) ㉠ (2) ㉡

03. ④   **04.** (1) ㉠ (2) ㉢ (3) ㉡

05. 가을   **06.** 천구   **07.** 지평 좌표계

08. (1) X (2) X (3) O   **09.** 연주 시차

10. (1) X (2) O (3) X   **11.** 거리, 방향, 거리

12. ③   **13.** ㄴ, ㅁ, ㅂ   **14.** ③

15. ⑤   **16.** ③   **17.** ②   **18.** ①

19. $1'' = (\frac{1}{60})' = (\frac{1}{3600})°$ **20.** ②

21. ②   **22.** ④   **23.** ④   **24.** ②

25. ①   **26.~32.** 〈해설 참조〉

---

03. 답 ④

해설 북쪽 하늘의 북극성 부근에 있는 별자리들은 계절에 상관없이 항상 볼 수 있다. 그 별자리들은 큰곰자리, 작은곰자리, 카시오페이아자리, 세페우스자리이다.

05. 답 가을

해설 가을에는 페가수스자리의 사각형 주변에서 별자리를 관측할 수 있다.

08. 답 (1) X (2) X (3) O

해설 (1) 방위각의 기준점은 북점 또는 남점으로 정할 수 있다. (2) 천구 상의 점들 중 천구의 북극, 남극, 적도의 경우에는 관측자의 위치와 관계없이 변하지 않으며, 북점, 남점, 지평선의 경우 관측자의 위치에 따라 변한다.

10. 답 (1) X (2) O (3) X

해설 (1) 연주 시차와 별까지의 거리는 반비례 관계이다. (3) 멀리 있는 별들은 연주 시차가 매우 작아서 측정하기 어렵기 때문에 100pc 이내의 비교적 가까운 별까지의 거리를 구하는 경우에만 연주 시차를 이용한다.

12. 답 ③

해설 밤하늘에 북극성을 찾기 위한 방법으로는 북두칠성을 이용하는 방법과 카시오페이아 자리를 이용하여 찾는 방법이 있다.

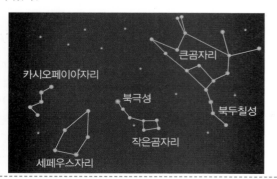

13. 답 ㄴ, ㅁ, ㅂ

해설 봄철에는 사자자리의 데네볼라, 처녀자리의 스피카, 목동자리의 아크투루스가 대삼각형을 이룬다.

14. 답 ③

해설 ·봄철 대표적인 별자리 : 사자자리, 처녀자리, 목동자리 등. ·여름철 대표적인 별자리 : 백조자리, 거문고자리, 독수리자리 등. ·가을철 대표적인 별자리 : 페가수스자리, 안드로메다자리, 카시오페이아자리, 양자리 등. ·겨울철 대표적인 별자리 : 오리온자리, 쌍둥이자리, 큰개자리 등

15. 답 ⑤

해설 겨울철에는 오리온자리의 베텔게우스(㉢), 작은개자리의 프로키온(㉠), 큰개자리의 시리우스(㉡)가 대삼각형을 이룬다.

16. 답 ③

해설

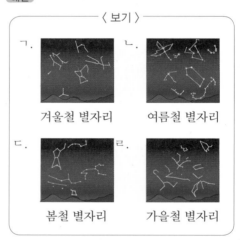

⟨ 보기 ⟩

ㄱ. 겨울철 별자리   ㄴ. 여름철 별자리

ㄷ. 봄철 별자리   ㄹ. 가을철 별자리

17. 답 ②

해설 고도는 지평선에서 별이 떠 있는 높이까지 수직선을 따라 잰 각이다. 그러므로 지평선에서 가장 높이 떠 있는 B별의 고도가 가장 크다.

18. 답 ①

해설 북극점이 있는 정북쪽 방향과 지평선이 만나는 지점이 북점이다. 따라서 별 C가 떠 있는 방향과 지평선이 만나는 지점이 남점인 방위각의 기준점이 된다. 그러므로 별 A의 방위각은 남점을 기준으로 시계 방향으로 별이 있는 방향까지 잰 각이므로 180° 이고, 별 B의 방위각은 90°, 별 C의 방위각은 0°이다.

19. 답
$$1'' = (\frac{1}{60})' = (\frac{1}{3600})°$$

20. 답 ②

해설 연주 시차 $= \dfrac{1}{거리} = \dfrac{1}{5} = 0.2''$

21. 답 ②

해설

겨울 - 쌍둥이자리

여름 - 백조자리

봄 - 목동자리

봄 - 사자자리

가을 - 물고기자리

22. 답 ④

해설 관측자의 위치에 따라 변하는 값은 북점, 남점, 지평선이고, 관측자의 위치에 따라 변하지 않는 값은 천구의 북극, 천구의 남극, 천구의 적도이다.

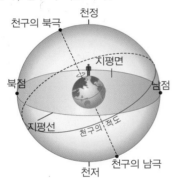

23. 답 ④

해설 05시에 고도가 0°이므로 지평선에 위치하며 북점을 기준으로 시계 방향으로 방위각이 270° ~ 360° 사이에 있으므로 북서쪽 방향에 위치한다.

24. 답 ②

해설 ① 연주 시차 2″인 별의 거리= 0.5pc ≒ 1.5×10^{13}km
② 1pc ≒ 3.1×10^{13}km = 3.26LY
③ 1AU = 지구와 태양 사이의 평균 거리 ≒ 1.5×10^{8}km
④ 1LY = 빛이 1년 동안 갈 수 있는 거리 ≒ 9.5×10^{12}km

25. 답 ①

해설 A별의 시차 = 2″ ⇒ A별의 연주 시차 = $\dfrac{시차}{2}$ = 1″

A별까지의 거리 = $\dfrac{1}{연주 시차}$ = 1pc

B별의 시차 = 0.8″ ⇒ B별의 연주 시차 = $\dfrac{0.8″}{2}$ = 0.4″

B별까지의 거리 = $\dfrac{1}{0.4″}$ = 2.5pc

26. 답 북쪽 하늘의 북극성 부근의 별자리들은 계절에 상관없이 항상 볼 수 있기 때문에 다른 별자리를 찾는 길잡이로 사용되고 있는 것이다. 이 별자리들은 항상 지평선 위에 떠 있는데 이들은 지구의 자전축 주위에 있는 별들이기 때문이다. 북반구에서 지구의 자전축은 북극성을 향하므로 별의 일주 운동은 북극성을 중심으로 회전을 한다. 그렇기 때문에 큰곰자리, 작은곰자리, 카시오페이아자리, 세페우스자리는 북쪽 하늘에서 일 년 내내 관측할 수 있다.

27. 답 1월에 태양이 궁수자리 근처를 지날 때 밤에 볼 수 있는 별자리는 태양 반대편의 쌍둥이 자리이다. 지구는 태양을 중심으로 공전한다. 별들을 기준으로 태양의 위치를 관측해 보면 하루에 약 1°씩 서쪽에서 동쪽으로 이동하여 1년에 한바퀴를 도는 것을 알 수 있다. 이때 태양을 기준으로 하면 별자리가 동쪽에서 서쪽으로 움직이는 것이다. 그러므로 밤에 지구 반대편에 놓이는 별자리들도 계절에 따라 변하게 된다.

해설 황도는 태양이 지나가는 길이라는 뜻으로 황도 12궁은 태양이 지나가는 길에 위치한 별자리를 말한다.

28. 답 먼저 별의 위치를 나타내기 위한 기준점을 찾는다. 북극성이 있는 정북쪽 방향과 지평선이 만나는 지점이 북점이므로 북점이나 남점을 기준점으로 잡는다. 그 다음으로 천정에서 별을 지나는 커다란 원을 그린 후, 원과 지평선이 만나는 지점을 표시한다. 기준점에서 표시된 지점까지 시계 방향으로 각도를 재면 그것이 방위각이다. 그 다음 표시된 지점에서 별까지의 높이 각을 재면 그것이 고도가 된다.

29. 답 화성은 지구보다 바깥쪽 궤도에서 태양 주위를 돌기 때문에 궤도 반경이 지구보다 크다. 연주 시차는 6개월마다 달라지는 시차를 측정하므로 궤도 반경에 따라서 달라진다. 따라서 지구에서 측정한 동일한 별의 연주 시차를 측정하면 지구보다 연주 시차가 크게 측정될 것이다.

30. 답 가까운 별의 거리는 연주 시차를 측정하여 구할 수 있지만 거리가 100pc보다 멀리 있는 별들은 연주 시차가 너무 작아서 측정하기 어렵기 때문에 다른 방법을 이용하여 거리를 구해야 한다. 지구에서 가장 가까운 별인 프록시마 센타우리의 연주 시차는 0.76″으로, 거리는 약 1.3pc 이다.

31. 답 빛은 밀도에 따라 굴절되는 정도가 달라진다. 그러므로 별에서 오는 빛이 밀도가 균일하지 않은 대기층을 통과하면서 별빛이 우리 눈에 들어오는 방향이 시간에 따라 조금씩 바뀌게 되기 때문에 별빛이 밝아졌다 어두워졌다 하면서 반짝이는 것처럼 보이게 되는 것이다.

32. 답 북극성은 계절이나 경도가 바뀌어도 변함이 없고, 위도에 따라서만 고도가 다르게 보인다. 그러므로 터키와 서울은 위도가 같기 때문에 같은 북극성의 고도는 서로 같게 관측된다.

21강. 별의 성질

개념 확인
120~123쪽

1. 1, 6 **2.** $\frac{1}{4}$, $\frac{1}{9}$ **3.** (1) ⓛ (2) ⑤

4. 색깔, 스펙트럼형(분광형)

확인+
120~123쪽

1. 2.5   **2.** ①, ②, ④

3. 겉보기, 절대, ⓛ   **4.** ⑤

1. 답 2.5

해설 별의 등급 1등급 간의 밝기 차이는 약 2.5배이다.

2. 답 ①, ②, ④

해설 별의 밝기는 눈에 들어오는 별빛의 양에 따라 달라진다. 별빛의 양은 별까지의 거리와 별이 방출하는 복사 에너지의 양에 의해 달라진다.

4. 답 ⑤

해설 표면 온도가 높은 별 순으로 정리하면 ⑤ 파란색으로 보이는 별 - ① 흰색으로 보이는 별 - ② 노란색으로 보이는 별 - ③ 주황색으로 보이는 별 - ④ 빨간색으로 보이는 별이 된다.

생각해보기
120~123쪽

★ 별의 등급은 지구상에서 눈으로 보이는 밝기에 따라 나눈 것이다. 하지만 실제로 같은 밝기이더라도 거리가 더 멀리 있을 경우에는 육안으로 더 어둡게 보이기 때문에 등급이 더 낮다고 해서 실제로 더 밝은 별이 아닐 수도 있다.

★★ 별은 늘 같은 밝기로 빛이 나지는 않는다. 규칙적으로 밝기가 변하는 항성인 '변광성'도 있으며, 별들이 서로의 빛을 가림으로써 밝기가 변하는 경우도 있다(식변광성).

★★★ 밤하늘에서 천체 망원경 없이 볼 수 있는 4000여개의 별들 중에서 가장 거리가 먼 별은 몇천 광년이나 떨어져있다. 하지만 더 멀리 있는 별들도 성단이나 은하에 속해 있는 경우에는 눈으로 관측할 수도 있다. 예를 들어 안드로메다은하는 250만 광년 거리에 위치해 있지만 전체 별빛은 맨눈으로도 관측이 가능하다.

01. 답 ③

해설 ① 1등급보다 밝은 별은 1보다 더 작은 수 0, −1, … 을 이용해서 나타낸다.
② 별의 등급이 3등급이 차이가 나면 약 16배의 밝기 차이가 난다.
④ 6등급보다 어두운 별들은 6보다 더 큰 수를 이용하여 분류한다.
⑤ 고대 그리스 천문학자 히파르코스가 눈에 보이는 별들을 밝기에 따라 6등급으로 분류하였다. 망원경으로 별을 관찰하기 시작하면서부터는 등급의 체계를 확장할 수 있었다.

02. 답 ②

ㄱ. 별의 밝기는 눈에 들어오는 별빛의 양에 따라 달라진다. 별빛의 양은 거리와 복사 에너지의 양에 따라 달라진다. ㄷ. 별로 부터 거리가 2배, 3배, … 늘어나면 별빛이 비추는 전체 면적이 4배, 9배, …가 되므로 단위 면적이 받는 별빛의 양이 그만큼 줄어들기 때문에 별의 밝기는 어두워진다.

03. 답 ⑤

해설 ㄱ. 별의 실제 밝기를 나타내는 것은 절대 등급이다.

04. 답 ③

해설 별의 위치를 10pc의 거리로 가져가면 더 밝아지는 별의 거리 지수(겉보기 등급 − 절대 등급)는 0보다 큰 값(양수)이다. 따라서 겉보기 등급이 절대 등급보다 더 큰 값이어야 한다. 표에 나와있는 별들 중에서 북극성만 별의 거리 지수가 양수이다.

05. 답 ②

해설 별의 스펙트럼형은 별의 표면 온도에 따른 흡수 스펙트럼의 흡수선 형태를 이용하여 7가지로 분류한다. 이때 표면 온도가 높은 순서로 별의 스펙트럼형을 배열하면 O - B - A - F - G - K - M 순이다.

분광형	O	B	A	F	G	K	M
표면 온도	30,000K 이상	10,000 ~ 30,000K	7,500 ~ 10,000K	6,000 ~ 7,500K	5,200 ~ 6,000K	3,500 ~ 5,200K	3,700K이하

06. 답 ⑤

해설 별의 표면 온도에 따른 별의 색깔은 아래 표와 같다.

색	파란색	청백색	흰색	황백색	노란색	주황색	붉은색
표면 온도	30,000K 이상	10,000 ~ 30,000K	7,500 ~ 10,000K	6,000 ~ 7,500K	5,200 ~ 6,000K	3,500 ~ 5,200K	3,700K이하

그러므로 보기에서 가장 표면 온도가 낮은 별은 붉은색의 베텔게우스이다.

[유형 21-1] ⑤	01. ②	02. ①
[유형 21-2] ③	03. ③	04. ⑤
[유형 21-3] ②	05. ③	06. ③
[유형 21-4] ③	07. ④	08. ③

[유형 21-1] 답 ⑤

해설 ① 1등급보다 밝은 별은 0등급, −1등급으로 나타낸다.
② 6등급보다 어두운 별은 7등급, 8등급으로 나타낸다.
③ 1등급과 6등급은 5등급 차이가 나기 때문에 밝기 비는 2.5^5배인 약 100배이다.
④ 별의 1등급 간 밝기 비는 약 2.5배이다.

01. 답 ②

해설 별의 밝기는 등급 숫자가 작을수록 밝다. 그러므로 A(−1.0등급) - B(0등급) - D(2등급) - C(4.5등급) 순으로 밝다.

02. 답 ①

해설 1등급 별보다 40배 밝은 별은 1등급 별보다 등급이 4등급 작은 별이다($2.5^4 ≒ 40$배). 별의 등급은 1, 0, -1, -2, -3 …으로 작아지므로 - 3등급 별이 된다.

[유형 21-2] 답 ③

해설 두 별의 복사 에너지의 양은 같기 때문에 거리에 따른 밝기 차이만 고려하면 된다. 두 별의 거리 비는 4배이므로 밝기 비는 별 A가 별 B보다 16배 밝은 별이 된다. 별의 1등급 간의 밝기 비는 약 2.5배이기 때문에 16배 차이는 3등급 차이가 된다. 별의 등급은 숫자가 클수록 더 어두운 별이므로, 별 A가 1등급이라면 별 B는 4등급이 된다.

03. 답 ③

해설 1pc 떨어져 있는 5등급 별의 밝기를 1로 하여 나머지 별의 밝기를 계산해 본다. 밝기는 거리의 제곱에 반비례한다.
① 1pc, 5등급 별 밝기 : 1
② 2pc, 3등급 별 밝기 : $\frac{1}{2^2} \times 2.5^2 ≒ 1.6$
③ 3pc, 1등급 별 밝기 : $\frac{1}{3^2} \times 2.5^4 ≒ 4.4$
④ 4pc, 2등급 별 밝기 : $\frac{1}{4^2} \times 2.5^3 ≒ 1$
⑤ 3pc, 1등급 별 밝기 : $\frac{1}{5^2} \times 2.5 ≒ 0.1$

04. 답 ⑤

해설 거리가 4배로 멀어지면 밝기는 처음 밝기의 $\frac{1}{16}$ 배로 어두워지게 된다. 3등급보다 $\frac{1}{16}$ 배 어두운 별은 3등급 커진 6등급 별이다.

[유형 21-3] 답 ②

해설 눈으로 볼 때 가장 밝은 별은 겉보기 등급의 숫자가 가장 작은 등급인 별이고, 실제로 가장 밝은 별은 절대 등급의 숫자가 가장 작은 등급인 별이다. 그러므로 겉보기 등급이 가장 작은 값인 태양이 눈으로 볼 때 가장 밝은 별이고, 절대 등급이 가장 작은 값인 데네브가 실제로 가장 밝은 별이다. 데네브는 태양에 비해 무려 4만배 이상 밝은 별이다.

05. 답 ③

해설 ㄱ, ㄷ. 절대 등급은 모든 별을 관측자와의 거리를 10pc(32.6 광년)로 동일하게 놓았을 때의 등급이므로 별의 실제 밝기를 비교할 수 있는 등급이다.
ㄴ. 실제 위치에서는 절대 등급에 관계없이 겉보기 등급만큼 우리 눈에 밝게 또는 어둡게 보인다.

06. 답 ③

해설 10pc보다 멀리 있는 별은 거리지수 = 겉보기 등급-절대 등급 > 0 (양수)인 별이다. 절대 등급이 겉보기 등급보다 작은 별이다. 거리가 10pc보다 멀리 있는 별을 10pc 거리에 두면 더 밝아져 등급이 작아지므로 겉보기 등급보다 절대 등급이 작아진다. 북극성과 데네브가 10pc보다 멀리 있다.

[유형 21-4] 답 ③

해설 별의 색깔과 별빛의 흡수 스펙트럼의 흡수선 형태를 이용하여 별의 표면 온도를 알 수 있다. 시리우스는 밤하늘에 가장 밝게 보이는 별로 흰색으로 우리 눈에 보인다. 그러므로 표면 온도가 7,500 ~ 10,000K 임을 알 수 있다.
① 시리우스의 분광형은 A형이다.
②, ④, ⑤ 별의 색깔만을 이용하여 구성 물질이나 별까지의 거리, 별의 겉보기 등급과 절대 등급의 관계를 알 수는 없다.

07. 답 ④

해설 별의 분광형을 온도에 따라 분류하면 다음과 같다.

분광형	O	B	A	F	G	K	M
표면 온도	30,000K 이상	10,000 ~ 30,000K	7,500 ~ 10,000K	6,000 ~ 7,500K	5,200 ~ 6,000K	3,500 ~ 5,200K	3,700K이하

08. 답 ③

해설 별의 색깔을 표면 온도에 따라 분류하면 다음과 같다.

색	파란색	청백색	흰색	황백색	노란색	주황색	붉은색
표면 온도	30,000K 이상	10,000 ~ 30,000K	7,500 ~ 10,000K	6,000 ~ 7,500K	5,200 ~ 6,000K	3,500 ~ 5,200K	3,700K이하

그러므로 ㄷ(파란색) - ㄴ(흰색) - ㄱ(노란색) - ㄹ(붉은색) 순으로 별의 표면 온도가 높다.

01

〈예시 답안 1〉밤하늘에 구역을 정한 후 구역 내의 별들 중 가장 밝은 별을 1등급, 가장 어두운 별을 6등급으로 정하여 그 기준별들을 토대로 등급을 나눈다.

〈예시 답안 2〉일정한 구역을 1년 동안 관찰을 하여 가장 밝은 별을 정한다. 그 다음 그 별을 기준으로 하여 등급을 나눈다.

해설 B.C. 150년경 그리스 천문학자 히파르쿠스는 서로 다른 밝기의 별들의 눈으로 보이는 밝기의 등급을 정하는 기준을 고민하였다. 고민 끝에 적은 수의 표준 별들을 정한 후 그 별들의 상대적 밝기를 측정하였다. 그에 따라 약 1,000여개의 별들 중 가장 밝은 20여 개의 별들을 1등급, 육안으로 겨우 식별이 가능한 별들을 6등급, 그리고 그 중간의 밝기를 갖는 별들을 1등급과 6등급 사이에서 구분하여 목록을 만들었다. 이것을 AD 140년경 프톨레마이오스가 그의 저서 알마게스트에 소개한 이후로 이러한 별의 등급체계는 약 1700년 간 별 밝기의 등급을 정하는 기준으로 사용되어 왔다. 19세기 중엽 영국의 J.허셜은 이러한 별들의 밝기 비를 연구한 결과, 1등급 별의 밝기는 6등급 별의 밝기의 100배임을 발견하였고, 1856년 포그슨이 이 결과를 재확인함과 함께 포그슨 공식을 완성하였다. 포그슨 공식에 의해 5등급 차이일 때 밝기는 100배 차이가 나므로, 1등급이 커질 때마다 별의 밝기는 약 2. 5배만큼 감소한다는 사실을 알 수 있었다.

02

별빛이 지구에 있는 관측자의 눈에 도달하기까지 성간 물질에 의해 대부분이 흡수되는 것을 성간 흡수라고 한다. 즉, 별빛이 거리에 따라서도 밝기가 달라지기도 하지만, 먼 거리를 지나오면서 별빛이 성간 물질에 흡수되어 어두워지는 현상이 성간 흡수이다. 만약 성간 흡수가 없다면 이 별은 밝기가 100배 밝은 별이 된다. 따라서 이 별의 겉보기 등급은 +1.8에서 5등급이 작은 −3.2등급이 되어, 이 별의 겉보기 등급과 절대 등급이 같아지게 된다. 그러므로 이 별까지의 거리는 10pc임을 알 수 있다.

03

(1) 가장 멀리 있는 별은 거리 지수가 가장 큰 스피카이고, 가장 가까이있는 별은 거리 지수가 가장 작은 시리우스이다.
(2) 시리우스의 분광형은 A형, 별의 색깔은 흰색, 프로키온의 분광형은 F형, 별의 색깔은 황백색, 아크투루스의 분광형은 K형, 별의 색깔은 주황색, 스피카의 분광형은 B형, 별의 색깔은 청백색이다.
(3) 별의 반지름은 절대 등급이 작고 표면 온도가 낮을수록 크다. 아크투루스는 프로키온에 비해 표면 온도가 낮지만 절대 등급이 작아서 더 밝은 별이기 때문에 프로키온에 비해 반지름이 큰 별이다.

해설 별의 거리 지수를 통해 별과의 거리를 짐작할 수 있다. 거리 지수가 0보다 작으면 별과의 거리가 10pc보다 가까운 별이며, 거리 지수가 0보다 크면 별과의 거리가 10pc보다 멀리 있는 별임을 알 수 있다. 시리우스의 거리 지수 = −1.47 −1.42 = −2.89, 프로키온의 거리 지수 = 0.37 −2.65 = −2.28, 아크투루스의 거리 지수 = −0.07 − (−0.33) = 0.26, 스피카의 거리 지수 = 0.96 − (−3.57) = 4.53이다. 그러므로 가장 멀리 있는 별은 거리 지수가 가장 큰 스피카이고, 가장 가까이있는 별은 거리 지수가 가장 작은 시리우스이다.

04

(1) 별의 표면 온도가 높을수록 별은 파란색 파장의 빛이 강하기 때문에 사진 등급이 안시 등급보다 더 작을 것이다. 그러므로 색지수는 (−)가 될 것이다. 반면에 별의 표면 온도가 낮을수록 별은 노란색이나 붉은색 파장의 빛이 강하기 때문에 안시 등급이 사진 등급보다 작을 것이다 그러므로 색지수는 (+)가 된다.

(2) 표면 온도가 약 7,500~10,000K 사이인 별은 안시 등급과 사진 등급이 같아서 색지수가 0이 된다.

(3) 분광형이 M형인 별은 표면 온도가 3,700K이하인 저온의 별이기 때문에 붉은색 영역의 빛이 강하게 된다. 그러므로 붉은색 필터를 이용하여 사진을 촬영하게 되면 파란색 필터로 찍은 사진보다 더 밝게 보이게 된다.

해설

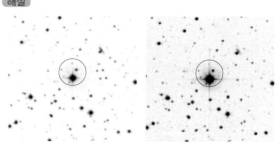

파란색 필터로 찍은 사진　　빨간색 필터로 찍은 사진

위의 사진은 저온의 별인 작은개자리의 사진이다. 파란색 필터로 찍은 사진보다 붉은색 필터로 찍은 사진에서 밝게 보인다.

01. ㉡	**02.** ㉣	**03.** ㉠, ㉡
04. (1) X (2) O (3) O		**05.** $\dfrac{1}{9}$
06. (1) 겉 (2) 겉 (3) 절	**07.** 32.6	
08. 1	**09.** 스펙트럼형(분광형)	
10. ㄷ, ㄹ	**11.** 등성	**12.** ② **13.** ㉡
14. ④	**15.** ㉡, ㉠	**16.** 별의 거리 지수
17. ②	**18.** ③	**19.** ② **20.** ⑤
21. ②	**22.** ①	**23.** ① **24.** ④
25. ③	**26.** ~ **33.** 〈해설 참조〉	

01. 답 ㉡

해설 별의 밝기는 등급 숫자가 작을수록 별의 밝기가 밝다.

02. 답 ㉣

해설 별의 등급 1등급 간이 밝기 비는 약 2.5배이다.

03. 답 ㉠, ㉡

해설 별의 밝기는 거리가 가까울수록, 별이 방출하는 복사 에너지의 양이 많을수록 밝다.

04. 답 (1) X (2) O (3) O

해설 (1) 1등급보다 1등급 밝은 별은 0등급이다.

05. 답 $\dfrac{1}{9}$

해설
$$별의\ 밝기 \propto \frac{1}{(별과의\ 거리)^2}$$

07. 답 32.6

해설 절대 등급이란 별까지의 거리를 32.6광년(10pc)의 거리로 놓았을 때의 밝기를 나타낸 등급을 말한다.

08. 답 1

해설 겉보기 등급 − 절대 등급 = 0인 경우는 별과의 거리가 10pc(32.6광년)인 별을 의미한다. 그러므로 별과의 거리가 10pc(32.6광년)인 별의 겉보기 등급과 절대 등급은 같다.

12. 답 ②

해설 별의 1등급 간의 밝기 차이는 약 2.5배이다. 2등급 간의 차이는 $2.5^2 ≒ 6.3$배이다. 그러므로 3등급과 5등급은 2등간의 차이이므로 약 6.3배의 밝기 차이가 난다.

13. 답 ㉡

해설 별의 밝기는 별까지의 거리가 가까울수록 더 밝아지기 때문에 반비례 관계이다.

14. 답 ④

해설 별의 밝기 등급이 6등급에서 1등급이 되면 별의 밝기는 100배 밝아진 것이다. 별의 밝기는 별과의 거리^{2}에 반비례하므로 거리는 처음 거리의 1/10배로 가까워진 것이다.

15. 답 ㉡, ㉠

해설 별과의 거리가 10 pc 보다 가까이 있는 별의 경우 별의 위치를 10 pc 의 거리로 가져가면 더 어둡게 보이고 별의 등급이 커진다.

16. 답 별의 거리 지수

해설 별의 거리 지수가 작을수록 가까이 있는 별이다.

17. 답 ②

해설 아크투루스와 알데바란의 등급차이는 0.9등급 − (− 0.1등급) = 1등급 차 이다. 별의 등급 1등급 간의 밝기의 차이는 약 2.5 배이다. 그러므로 겉보기 등급의 숫자가 더 작은 아크투루스가 알데바란보다 약 2.5 배 더 밝게 보인다.

18. 답 ③

해설 ① 별 A를 10 pc 위치인 별 B 자리로 옮기게 되면 더 어둡게 보이며, 별의 등급이 커진다.
② 별 A의 겉보기 등급은 절대 등급보다 작다.
③ 별 B는 지구와의 거리가 10 pc 인 위치에 있기 때문에 절대 등급과 겉보기 등급이 같다.
④ 별 C를 10pc 거리로 옮기면 더 밝아지므로 절대 등급이 겉보기 등급보다 작아진다.
⑤ 별 C를 별 B 자리로 옮기게 되면 실제 거리보다 가까워지므로 더 밝게 보이게 되며, 별의 등급은 작아진다.

19. 답 ②

해설 ① 표면 온도가 30,000 K 이상인 별의 색깔은 파란색이다.
③ 별의 스펙트럼형을 이용하는 방법이 별의 색깔을 이용하는 방법보다 별의 표면 온도를 더 정확하게 알 수 있다.
④ 별의 온도가 높은 순으로 별의 색깔을 배열하면 파란색 - 청백색 - 흰색 - 황백색 - 노란색 - 주황색 - 붉은색 순이다.
⑤ 별의 표면 온도에 따른 흡수 스펙트럼의 흡수선 형태를 이용하여 7가지로 분류한 것이 별의 스펙트럼형(분광형)이다.

20. 답 ⑤

해설 ① 파란색의 리겔의 분광형은 O 형이다.
② 붉은색의 베텔게우스의 분광형은 M 형이다.
③ 별의 색깔만을 이용해서 별과의 거리를 알기는 어렵다. 베텔게우스와의 거리는 640.14 LY, 리겔과의 거리는 772.91 LY 이다.
④ 사진 속 별의 색깔을 이용하여 별의 표면 온도를 짐작할 수 있다.

21. 답 ②

해설 ② 겉보기 등급이 절대 등급보다 작으면 별까지의 거리는 10pc보다 작다.

① 별의 등급은 숫자가 작을수록 별의 밝기가 더 밝다. 그러므로 겉보기 등급 −1등급인 별이 겉보기 등급 1등급인 별보다 더 밝게 보인다.

③ 절대 등급은 거리와 상관없는 별의 실제 밝기이므로 거리가 멀어져도 절대 등급은 동일하다.

④ 겉보기 등급이 1.5등급인 별의 거리가 3배로 멀어지면 별의 밝기가 $\frac{1}{9}$배가 된다. 이 경우 등급은 2~3등급 정도 커져서 3.5~4.5 등급 사이의 등급이 된다.

⑤ 겉보기 등급 −1등급인 별의 거리가 4배 멀어지면 $\frac{1}{16}$배 어두워진다. 이때 등급은 3등급 커져서 2등급이 된다.

22. 답 ①

해설 별의 거리 지수(겉보기 등급 − 절대 등급)이 작을수록 가까이 있는 별이다. 각 별의 거리 지수는 다음과 같다. 시리우스 : −1.46 − 1.4 = −2.86. 북극성 : 2.1 − (−3.7) = 5.8, 베가 : 0.03 − 0.5 = −0.47, 알타이르 : 0.77 − 2.2 = −1.43, 데네브 : 1.25 − (−7.2) = 8.45. 그러므로 거리 지수가 가장 작은 시리우스가 가장 가까이 있는 별이다. 실제 거리는 다음과 같다.

	거리 (LY)
시리우스	8.61
북극성	400
베가	25.31
알타이르	16.76
데네브	3226.35

23. 답 ①

해설 ① 별 A의 연주 시차가 0.05" 이므로 별 A까지의 거리는 20pc이다. 이 별의 절대 등급은 겉보기 등급보다 작다.

	별 A	별 B	별 C
연주 시차	0.05	0.1	0.2
거리 (pc)	20	10	5
겉보기 등급	− 1 보다 큰 값	2.5	0.5 보다 작은 값
절대 등급	− 1	2.5	0.5

② 별의 실제 밝기는 절대 등급이 가장 작은 별 A가 가장 밝다.
③ 별 C가 관측자와의 거리가 가장 가깝다.
④ 맨눈으로 봤을 때 가장 밝은 별은 겉보기 등급이 작을수록 밝다. 표만 주어졌을 때는 만약 별 A의 겉보기 등급이 0등급, 별 C의 겉보기 등급이 0.2등급 이라면 별 A가 더 밝지만, 별 A의 겉보기 등급이 3등급이라면 별 B보다도 어둡게 되므로 자료만 가지고 겉보기 등급을 비교할 수는 없다.
⑤ 별 C는 별과의 거리가 10pc보다 가까이 있는 별이기 때문에 별의 위치를 10pc의 거리로 가져가면 더 어둡게 보이고 별의 등급이 커진다.

24. 답 ④

해설 별의 표면 온도가 높은 순서대로 나열하면 ④ 별의 색깔이 청백색인 레굴루스 〉① 분광형이 F인 북극성 = ③ 별의 색깔이 황백색인 프로키온 〉② 분광형이 K인 알데바란 = ⑤ 별의 색깔이 주황색인 아크투루스

25. 답 ③

해설

분광형	M	G	A	O
별의 색깔	붉은색	노란색	흰색	파란색
표면 온도	낮다 ◄──────────────► 높다			

26. 답 겉보기 등급이 6등급인 별 40개가 모여있으면 6등급인 별보다 40배 밝은 별의 등급으로 보이게 된다. 이때 등급은 4등급이 내려가게 되므로 6등급 별에서 4등급 내려간 2등급이 된다.

27. 답 별의 밝기는 눈에 들어오는 별빛의 양에 따라 달라지게 된다. 별과 거리가 멀어질수록 별빛이 비추는 면적이 넓어지기 때문에 단위 면적당 별빛의 양이 줄어들게 된다. 그러므로 별의 밝기가 어두워지는 것이다.

28. 답 별의 거리 지수를 이용하면 별과의 거리를 짐작할 수 있다. 별의 거리 지수는 겉보기 등급에서 절대 등급을 뺀 값이다. 북극성의 거리 지수 = 2.1 − (−3.7) = 5.8 〉 0 이 된다. 거리 지수가 0보다 큰 별은 10pc보다 멀리 있는 별이다. 그러므로 북극성은 별과의 거리가 10pc보다 멀리 있는 별이다.

29. 답 겉보기 등급은 눈에 보이는 밝기이므로 거리가 멀어지면 밝기가 어두워지기 때문에 겉보기 등급이 높아지게 된다. 토성은 태양과의 거리가 지구에서보다 멀기 때문에 태양을 관찰했을 때 겉보기 등급은 높아지게 된다. 반면에 절대 등급은 별의 실제 밝기를 나타내는 등급이기 때문에 관측자의 위치가 바뀌어도 같은 절대 등급을 갖는다.

30. 답 태양의 표면 온도가 6000℃ 이기 때문에 별의 색깔은 노란색이고, 별의 분광형은 G형에 해당한다.

31. 답 별의 색에 따라 표면 온도가 결정된다. 청색에 가까울수록 표면 온도가 높고 적색에 가까울 수록 표면 온도가 낮기 때문에 표면 온도가 가장 높은 별은 스피카이다.

32. 답 지구에서 볼 때 가장 어둡게 보이는 별은 겉보기 등급이 가장 큰 별이므로 크리거60이다.

33. 답 겉보기 등급에서 절대 등급을 뺀 값인 거리 지수가 클수록 지구로부터 멀리 떨어진 별이다. 거리 지수가 0일 경우 별까지 거리는 10pc이고, 0보다 크면 10pc보다 멀리 있는 별이며, 0보다 작으면 10pc보다 가까이 있는 별이다. 제시된 별 중에서 스피카의 거리 지수가 1.2-(-2.2) = 3.4로 가장 크므로 지구로부터 가장 멀리 떨어져 있는 별은 스피카이다.

22강. 은하와 우주

개념 확인   140~143쪽

1. 은하, 우리은하   **2.** (1) ㉡   (2) ㉠
3. 외부 은하   **4.** ㉠, ㉢

확인+   140~143쪽

1. ②   **2.** ①   **3.** ④   **4.** 대폭발(빅뱅)이론

1. 답 ②
해설 우리은하 중심부인 은하핵에는 늙고 오래된 별들이 공 모양으로 밀집되어 있다.

2. 답 ①
해설 구상 성단은 주로 은하 중심부인 은하핵에 분포하고 있다.

3. 답 ④
해설 외부 은하는 모양에 따라 타원 은하, 불규칙 은하, 나선 은하로 나뉜다. 나선 은하는 중심부의 막대 구조의 유무에 따라 정상 나선 은하, 막대 나선 은하로 다시 나뉜다.

생각해보기   140~143쪽

★ 은하수를 본다는 것은 우리은하의 원반 부분을 본다는 것이다. 태양계에 속한 지구는 우리은하의 나선팔에 위치하므로 은하 내에서 태양과 지구의 위치에 따라 은하수의 다른 부분을 보게 되며, 북반구와 남반구에서 모두 관측이 가능하다. 이는 지구의 공전으로 인하여 계절별 별자리가 다르게 보이는 것과 같은 원리이다. 계절에 따라 밤하늘의 방향이 달라지므로 관측하는 방향이 우리은하 중심부를 향할 때에는 상대적으로 볼 수 있는 별의 수가 많아지고, 반대쪽을 향할 때에는 적어지는 것이다. 우리나라가 여름철일 때에는 은하핵-지구-태양의 순서로 배열되게 된다. 따라서 밤에 우리은하 중심쪽의 하늘을 보게 되므로 폭이 더 넓고 밝은 은하수를 볼 수 있는 것이다.

우리나라가 겨울철일 때에는 은하핵-태양-지구 순서로 배열된다. 따라서 밤에 우리은하 외곽의 하늘을 보게 되므로 별이 비교적 적은 희미한 은하수를 보게 되는 것이다.

★★ 중력에 의해 별들이 강하게 묶여있기 때문에 구형을 이루고 있는 것이다.

개념 다지기   144~145쪽

01. ⑤	**02.** ④	**03.** ③
04. ③	**05.** ④	**06.** ⑤

01. 답 ⑤
해설 ① 태양계는 우리은하 중심부에서 약 3만 광년 떨어진 나선팔에 위치한다.
② 우리은하는 수많은 별들과 가스, 먼지, 성간 물질로 이루어진 집합체이다.
③ 우리은하는 막대모양의 중심부에서 나선팔이 소용돌이 모양으로 휘감고 있는 모습이다.
④ 우리은하를 옆에서 본 모습은 중심부만 볼록한 납작한 원반 모양이다.

02. 답 ④
해설 ㄴ. 은하수는 맑은 날 밤하늘을 가로지르는 띠 모양의 무수히 많은 별들의 집단이다. 흐린 날은 구름에 가려 은하수가 보이지 않는다.

03. 답 ③
해설 ①, ②, ④, ⑤는 모두 구상 성단에 대한 설명이다. 산개 성단은 일정한 모양이 없으며, 수십 ~ 수만 개로 적은 별들이 모여있으며 비교적 나이가 어린 별들이다. 표면 온도가 높아 파란색을 띠며, 주로 나선팔에 위치하고 있다.

04. 답 ③
해설 허블은 20세기 초에 은하의 모양에 따라 타원 은하, 불규칙 은하, 나선 은하로 분류하였다.

05. 답 ④
해설 그림은 막대 나선 은하이다.
①, ② 늙은 별들만 모여있고, 은하 내부에 성간 물질이 거의 없는 은하는 타원 은하이다.
③, ⑤ 젊은 별과 늙은 별이 모두 있으며, 새로운 별들이 매우 활발하게 생성되는 은하는 불규칙 은하이다.

06. 답 ⑤
해설 ①, ⑤ 수많은 은하들은 서로 멀어지고 있기 때문에 팽창하고 있는 우주의 중심은 없다.
② 우리은하와 멀리있는 은하일수록 더 빠른 속도로 멀어진다.
③ 우리은하와 멀리 있는 은하일수록 적색 편이가 크게 나타난다.
④ 외부 은하에서 오는 빛의 스펙트럼을 분석해보면 대부분 적색 편이가 나타난다.

[유형 22-1] 답 ⑤

해설 ① 원반의 두께는 약 1.5만 광년이다.

 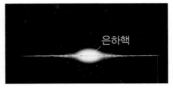

② 원반의 반지름은 약 5만 광년이다. 지름이 10만 광년이다.
③ ㉠과 ㉡은 모두 은하 중심인 은하핵이다.
④ 우리은하에는 태양과 같은 별을 약 2000억 개 포함하고 있다.

01. 답 ②

해설 태양계는 우리은하 중심부에서 약 3만 광년 떨어진 나선팔에 위치하고 있다. ③, ⑤은 정상 나선 은하이다.

02. 답 ②

해설 ① 은하수는 북반구, 남반구에서 모두 관측할 수 있다.
③ 지구에서 바라본 우리은하의 일부이다.
④ 여름철이 겨울철보다 폭이 더 넓고 밝게 보인다.
⑤ 우리은하의 중심 방향인 궁수자리 쪽에서 폭이 가장 넓고 밝게 보인다.

[유형 22-2] 답 ③

해설 A는 은하 원반인 나선팔 부분이며 이곳에는 주로 산개 성단이 분포한다. 산개 성단은 일정한 모양이 없는 수십 ~ 수만 개의 적은 별들이 모여 있는 성단을 말한다. 주로 젊고, 표면 온도가 낮은 파란색 별들의 무리이다.

03. 답 ②

해설 ①, ④ 성운은 별과 별 사이에 성간 물질이 모여 구름처럼 보이는 것으로, 별이 태어나는 장소가 된다.
③ 산개 성단은 주로 우리은하의 나선팔 영역에 분포한다.
⑤ 비슷한 시기에 태어난 별들이 모여 무리를 이루고 있는 것을 성단이라고 한다.

04. 답 ⑤

해설 그림은 반사 성운의 모습이다. 반사 성운은 성간 물질이 성운 주변의 별빛을 반사하여 밝게 보이는 성운으로 주로 파란색을 띤다.

① 스스로 빛을 내는 성운은 붉은색을 띠는 방출(발광)성운이다.
② 성운은 별이 태어나는 장소가 된다.
③ 성운은 별과 별 사이의 성간 물질이 모여 구름처럼 보이는 것이다.
④ 성운은 주로 우리은하의 나선팔에 분포한다.

[유형 22-3] 답 ⑤

해설 A는 타원 은하, B는 정상 나선 은하, C는 막대 나선 은하, D는 불규칙 은하이다.

① 우리은하는 막대 나선 은하(C)이다.
② 타원 은하의 내부에는 성간 물질이 거의 없다.
③, ④ B와 C의 나선팔에는 파란색의 젊은 별과 성간 물질이 분포하고 있으며, 중심부에는 붉은 색의 늙은 별들이 많이 분포하고 있다.

05. 답 ④

해설 그림 속 은하는 불규칙 은하이다. 불규칙 은하는 젊은 별과 늙은 별을 모두 포함하고 있는 은하로, 새로운 별들도 매우 활발하게 생성된다. 성간 물질이 많이 분포되어 있다.
② 우리은하는 막대 나선 은하이다.
③ 은하 내부에 성간 물질이 거의 없는 은하는 타원 은하이다.
⑤ 전체 은하 중에서 차지하는 비율이 77%인 은하는 나선 은하이다. 불규칙 은하는 약 3%정도를 차지하고 있다.

06. 답 ③

해설

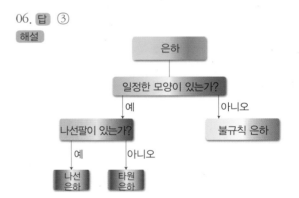

[유형 22-4] 답 ⑤

해설 별이 지구와 가까워질 때는 별빛의 파장이 원래의 파장보다 짧아지고, 스펙트럼의 흡수선은 청색쪽으로 치우치는데 이를 청색 편이라고 한다(㉠). 별이 지구와 멀어질 때는 별빛의 파장이 원래의 파장보다 길어지고, 스펙트럼의 흡수선은 적색 쪽으로 치우치는데 이를 적색 편이라고 한다(㉡).

07. 답 ⑤

해설 풍선을 이용한 우주 팽창 모형을 설명할 때 풍선은 우주이고, 풍선 위의 스티커는 은하를 의미한다. 풍선이 점점 커질수록 스티커의 간격이 멀어지는 것은 우주가 점점 팽창하면서 은하 사이의 거리도 점점 멀어지고 있는 것을 의미한다.
② 풍선 위의 스티커도 어느 한 점을 중심으로 팽창하는 것이 아니라 스티커끼리 멀어지고 있다. 이는 팽창하고 있는 우주의 중심이 없다는 것을 의미한다.
③, ④ 지구에서 멀어지고 있는 별들의 스펙트럼을 분석해 보면 적색 편이가 나타나며, 멀어지는 별들의 파장은 원래의 파장보다 길어지게 된다.

08. 답 ④
[해설] 별이 지구와 가까워지면 별빛의 파장이 원래의 파장보다 짧아지고, 스펙트럼의 흡수선은 청색 쪽으로 치우친 청색 편이가 나타난다. 반면에 별이 지구와 멀어지면 별빛의 파장은 원래의 파장보다 길어지고, 스펙트럼의 흡수선은 적색 쪽으로 치우친 적색 편이가 나타난다.

창의력 & 토론마당　　　　　150~153쪽

01
허셜이 주장한 우리은하의 모습은 전체적으로 볼록한 원반 모양에 태양이 중심에 있는 모습이었다. 현재 밝혀진 우리은하의 모습은 위에서 보면 막대 모양의 중심 구조와 나선팔을 가지고 있으며 옆에서 보면 중심부가 볼록한 원반 모양이다. 그리고 태양이 속한 태양계는 은하의 중심으로부터 약 3만 광년 떨어진 위치에 있다.

[해설]

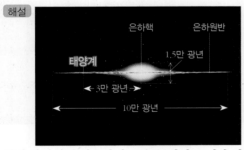

현재 밝혀진 우리은하의 모습은 위의 그림과 같다.

허셜이 연구한 방법으로는 은하의 실제 크기를 알 수가 없었으며, 태양계 주변 별들의 분포만 알 수 있을 뿐이었다. 하지만 허셜은 오늘날 우리가 이해하고 있는 우주와 은하의 모습을 최초로 그린 천문학자였다. 그는 수천억 개의 별이 띠 모양으로 모여 있는 별의 무리를 은하로 보고, 우주가 수많은 은하로 이루어졌음을 밝혀냈으며 현재에도 허셜의 은하 이론 틀이 유지되고 있다.

02
은하수의 궁수 자리 부근에 검은 띠처럼 보이는 것은 은하면에 분포하는 성간 물질들에 의해 별빛이 차단되거나 흡수되었기 때문에 어둡게 보이는 것이다.

03
반사 성운이란 성운 자체는 빛을 내지 않으나 성운 주변의 밝은 별들로부터 나온 별빛을 반사하여 밝게 보이는 성운이다. 성간 물질은 주로 수소, 헬륨 등의 가스나 작은 먼지 같은 티끌인데 이러한 성간 티끌에 의해 파장이 짧은 파란색의 산란이 더욱 잘 일어나서 반사 성운이 주로 파란색으로 보이는 것이다.

04
(1) 정상 나선 은하 : 은하 A,
막대 나선 은하 : 은하 B, 은하 C, 타원 은하 : 은하 D
(2) 100 Mpc

[해설] (1) 허블은 은하의 모양에 따라 4가지로 분류를 하였다. 그 4가지는 공 또는 타원 모양의 타원 은하, 불규칙한 모양의 불규칙 은하, 막대 구조가 없는 나선팔 구조의 정상 나선 은하, 막대 구조가 있는 나선팔 구조의 막대 나선 은하이다.
(2) 허블법칙은 V(후퇴 속도) = H(허블 상수)×r(은하까지의 거리)이다. 그러므로

은하 사이의 거리 = $\dfrac{V(후퇴\ 속도)}{H(허블\ 상수)}$ 라고 할 수 있다.

따라서 은하 B와 은하 C 사이의 거리 = $\dfrac{7000km/s}{70km/s/Mpc}$
= 100 Mpc

05
⟨예시 답안⟩ 특정한 중심이 없이 은하들끼리 멀어지고 있기 때문에 우리은하와 안드로메다 은하와 같이 서로 멀리 떨어져 있는 은하들끼리 각각의 주변 은하들과 서로 멀어지고 있다가 중력에 의해 가까워지면서 부딪히는 경우가 생길 수 있다.

[해설] 은하들은 우주에 고르게 퍼져 있는 것이 아니라 무리를 지어 있다. 은하들이 수십 개가 모여 있는 은하의 집단을 은하군이라고 한다. 우리은하로부터 5백만 광년 거리 내에 있는 은하들의 무리를 국부 은하군이라고 하는데, 이 은하들은 서로를 잡아당기는 인력 때문에 가까워지고 있다. 우주에 있는 모든 은하가 서로 멀어지고 있는 것은 아니라는 것이다. 그러므로 우주 팽창 이론에서 말하는 멀어지는 은하는 서로의 중력이 작용하지 않을 만큼 충분히 먼 거리에 있는 은하들을 말하는 것이다.
우리은하에서 가장 가까운 은하는 안드로메다 은하이며, 그 거리는 약 200만 광년으로 지름 10만 광년인 우리은하 크기의 약 20배 정도 밖에 떨어져 있지 않기 때문에 두 은하 사이에 작용하는 중력에 의해 두 은하가 서서히 가까워지고 있는 것이다.
달은 지구 지름의 약 30배 떨어진 곳에서 지구 주위를 공전하고 있으며, 지구와 태양까지의 거리가 지구 지름의 1만 배 이상이다. 이것을 보면 안드로메다 은하와 우리은하가 중력이 작용할 만큼 가까이 있다는 것을 알 수 있다.

01. 답 ㉠ 은하핵 ㉡ 나선팔

해설

03. 답 (1) O   (2) X   (3) O

해설 (2) 우리은하의 원반의 지름은 약 10만 광년이다.

07. 답 ④

해설 별이 지구에서 멀어질 때 별빛의 파장은 원래의 파장보다 길어지고, 스펙트럼의 흡수선은 적색 쪽으로 치우친다. 이를 적색 편이라고 한다.

08. 답 C

해설 우리은하는 막대모양의 중심부에서 나선팔이 소용돌이 모양으로 휘감고 있는 모양인 막대 나선 은하(C)이다.
A는 타원 은하, B는 정상 나선 은하, D는 불규칙 은하이다.

15. 답 ①

해설 구상 성단은 주로 은하 중심부인 은하핵과 헤일로 안에 고르게 분포하고 있다.

16. 답 ④

해설 그림은 구상 성단의 모습이다. 구상 성단은 수만 ~ 수십만 개의 많은 별들이 공 모양으로 모여 무리를 이루고 있는 것이다. 모여있는 별들의 나이는 많으며, 별의 표면 온도가 낮아 붉은색으로 보인다. 주로 은하핵이나 헤일로안에 고르게 분포하고 있다.

17. 답 ②

해설 그림은 방출(발광) 성운이다. 방출 성운은 성간 물질이 성운 내부에 있는 밝은 별에서 나오는 강한 빛을 흡수하여 가열되면서 스스로 빛을 내는 성운을 말하며 주로 붉은색을 띤다.
④ 주변 빛을 반사하여 밝게 보이는 성운은 반사 성운이다.
⑤ 우리은하 내에서는 주로 은하 원반(나선팔)에 분포하고 있다.

18. 답 ②

해설

	구상 성단	산개 성단
① 모양	공 모양	일정한 모양이 없다.
② 별의 수	수만~수십만 개	수십~수만 개
③ 별의 나이	많다	적다
④ 별의 온도	낮다	높다
⑤ 분포 위치	은하핵, 헤일로	나선팔
별의 색	붉은색	파란색

19. 답 ④

해설 그림의 A은하, B은하, C은하는 모두 적색 편이를 보이고 있지만 특정한 은하를 중심으로 은하들이 멀어지고 있는 것은 아니다. B은하의 흡수선이 가장 크게 적색 쪽(긴 파장 쪽)으로 이동하고 있는 것으로 보아 은하와의 거리가 가장 멀고 멀어지는 속도도 가장 빠른 것을 알 수 있으며, 반대로 흡수선이 이동이 가장 작은 C은하와의 거리는 가장 가깝고 멀어지는 속도도 가장 느린 것을 알 수 있다.

20. 답 ③

해설 우주는 약 137억 년 전 모든 물질과 에너지가 모인 매우 높은 온도와 압력을 가진 하나의 점인 특이점에서 대폭발이 일어나면서 계속 팽창하여 지금과 같은 우주가 형성되었다는 이론이 대폭발(빅뱅)이론이다. 수많은 은하들은 특별한 중심이 없이 서로 멀어지면서 팽창하고 있다.

21. 답 ⑤

해설 구상 성단은 나이가 많고, 온도가 낮은 별들이 모여 무리를 이루고 있는 것으로 그래프에서는 A에 해당된다. 산개 성단은 나이가 적고, 온도가 높은 별들이 모여 무리를 이루고 있는 것으로 그래프에서는 E에 해당된다.

22. 답 ④
해설 보기에서 설명하는 은하는 불규칙 은하이다.

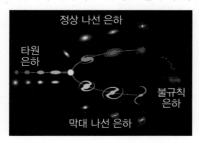

23. 답 ②
해설 은하들이 수십 개가 모여 있는 은하의 집단을 ⊙ 은하군이라고 한다. 이 ⊙ 은하군이 모여 ⓒ 은하단을 이루며, ⓒ 은하단이 모여 ⓒ 초은하단을 구성한다.

24. 답 ⑤
해설 그림 속 흡수 스펙트럼은 모두 원래의 파장보다 긴쪽인 적색 쪽으로 치우치는 적색 편이가 나타난다. 적색 편이는 은하와 멀리있는 은하일수록 더 크게 나타난다. 그러므로 표에서 주어진 거리가 가장 먼 바다뱀자리의 흡수 스펙트럼은 (다)이다. 그리고 적색 편이가 가장 작게 나타난 흡수 스펙트럼인 (가)는 북쪽왕관자리의 흡수 스펙트럼이다.

25. 답 ②
해설 별 A는 지구와 가까워지고 있으며, 별B는 멀어지고 있고, 별 C는 거리는 변하지 않고 회전하고 있다. 흡수 스펙트럼의 흡수선의 변화는 거리에 따라 달라진다. 별이 지구와 가까워질 때는 청색 편이, 멀어질 때는 적색 편이가 나타난다. 그러므로 별 A → A′ 의 경우는 청색 편이, 별 B → B′의 경우는 적색 편이, 별 C → C의 경우는 변함 없다.

26. 답 은하수란 지구에서 바라본 우리은하의 일부이다. 지구가 속한 태양계는 우리은하의 나선팔에 위치하고 있기 때문에 은하수를 본다는 것은 우리은하의 나선팔을 바라본다는 것이다. 그러므로 밝고 긴 띠 형태의 은하수를 보게 되는 것이다. 하지만 태양계가 우리은하의 중심부에 위치하게 된다면 현재 볼 수 있는 은하수의 폭 보다 더 넓고 밝게 보일 것이며, 또한 모든 방향에서 별들이 고르게 분포하는 것처럼 보일 것이다.

27. 답 암흑 성운은 성간 물질이 밀집되어 있어서 뒤에서 오는 별빛을 차단하고 흡수하기 때문에 어둡게 보이는 것이다.

28. 답 타원 은하는 공이나 타원 모양의 은하로 붉은색의 늙은 별들이 모여 있으며, 은하 내부에 성간 물질이 거의 없다. 반면에 불규칙한 모양의 불규칙 은하는 새로운 별들도 매우 활발하게 생성되는 은하로 젊은 별과 늙은 별을 모두 포함하고 있으며, 성간 물질이 많이 분포하고 있다.

29. 답 적색 편이가 나타나는 것은 두 은하가 서로 멀어지고 있다는 것이다. 우주는 중심이 없이 수많은 은하들이 서로 멀어지고 있기 때문에 삼각형 은하에서 관측한 우리은하 빛의 스펙트럼도 적색 편이가 나타난다.

30. 답 허블의 법칙에 의해 우리은하와 멀리있는 은하일수록 더 빠른 속도로 멀어지고 있기 때문에 적색 편이가 더 크게 나타나는 것이다.

31. 답 발광(방출)성운이다. 이 성운은 내부나 가까운 곳에 온도가 높은 별이 있을 때, 성간 물질의 가스가 별의 복사에너지를 받아들여서 밝게 빛을 내기 때문에 밝게 빛나 보이는 것이다.
해설 발광성운은 주위에 구상성단이 있어서 그 붉은 빛을 받아서 빛이 나는 것처럼 보인다.

32. 답 · 타원 은하는 공 또는 타원 모양이다. 밝기 분포가 고르며 일반적으로 중심으로부터 주변으로 가면서 완만하게 어두워지는 형상을 하고 있다. 은하 내부에 가스 등의 성간물질은 거의 없으며, 대부분 붉은 색의 늙은 별들로 구성되어 있다. 전 질량이 태양의 1조 배를 넘는 거대한 것에서부터 100 만 배 이하의 작은 것까지 여러 가지가 있다. 전체 은하 중에서 차지하는 비율은 약 20 % 이다.
· 불규칙 은하는 타원은 존재하나 일정한 형태가 없고 중심핵이나 회전 대칭성이 존재하지 않는 부정형의 은하이다. 젊은 별과 늙은 별을 모두 포함하며 새로운 별들도 매우 활발하게 생성된다. 또한 외부 은하의 약 1/4 을 차지한다.(약 3 %) 불규칙 은하의 예로는 마젤란 은하가 있다.
· 나선 은하는 나선 팔을 가지고 있는 은하로, 정상 나선 은하와 막대 나선 은하로 나누어진다. 중심부에 공 모양의 은하핵에서 팔이 뻗어 나와 소용돌이를 이룬다. 많은 양의 성간물질과 파란색의 젊은 별(고온의 별)이 나선 팔에 존재한다. 나선 은하의 예로는 안드로메다 은하, 우리 은하가 있다. 전체 은하 중에서 차지하는 비율은 약 77 % 이다.

23강. Project 6

(논/구술) 우주와의 교신　　　　160~161쪽

Q1
> 각자 마음대로 상상화를 그리면 된다.

탐구1. 천체 망원경 사용법 익히기　　162~163쪽

〈탐구 결과〉

1. 굴절망원경을 사용하면 물체(천체)를 크게 확대해 주지는 않지만 빛을 모아 선명한 상이 맺히게 하여, 상을 가까이서 볼 수 있게 한다.

2. 습도가 높지 않은 곳, 주변에 밝은 불빛이 없는 곳, 높은 건물이나 높은 산이 없어 시야가 확보되는 곳, 땅이 평평하고 단단해서 망원경을 안정되게 설치할 수 있는 곳 등.

주변에 빛이 많으면 잘 안보이며, 습도가 높으면 상이 산란되기 쉬우며 망원경 표면에 물방울이 맺힌다.

탐구2. 태양의 흑점 관찰　　　　164~165쪽

〈탐구 결과〉

1. 동, 서

2. 태양은 서에서 동으로 자전한다, 태양의 표면은 액체나 기체 상태로 흐르는 물질로 되어 있다. 등

3. 28일. 한칸에 22.5°이므로 2칸을 움직였으므로 45° 움직인 것이다. $45 : 84 = 360 : x$　　$x = 672$(시간) = 28일

〈탐구 속 읽기 자료〉

망원경마다 선명도가 다르고, 흑점의 크기가 정해지지 않아 쌀알무늬 속에 묻혀 있는 작은 흑점의 경우 사람마다 흑점으로 세는 경우가 있고 안 세는 경우도 생긴다.

세페이드 시리즈

창의력과학의 결정판, 단계별 과학 영재 대비서

1F	중등 기초	물리(상,하) 화학(상,하)	중학교 과학을 처음 접하는 사람 / 과학을 차근차근 배우고 싶은 사람 / 창의력을 키우고 싶은 사람
2F	중등 완성	물리(상,하) 화학(상,하) 생명과학(상,하) 지구과학(상,하)	중학교 과학을 완성하고 싶은 사람 / 중등 수준 창의력을 숙달하고 싶은 사람
3F	고등 I	물리(상,하) 물리 영재편(상,하) 화학(상,하) 생명과학(상,하) 지구과학(상,하)	고등학교 과학 I을 완성하고 싶은 사람 / 고등 수준 창의력을 키우고 싶은 사람
4F	고등 II	물리(상,하) 화학(상,하) 생명과학(영재학교편,심화편) 지구과학(영재학교편,심화편)	고등학교 과학 II을 완성하고 싶은 사람 / 고등 수준 창의력을 숙달하고 싶은 사람
5F	영재과학고 대비 파이널	물리 · 화학 생명 · 지구과학	고급 문제, 심화 문제, 융합 문제를 통한 각 시험과 대회를 대비하고자 하는 사람

세페이드 모의고사	세페이드 고등 통합과학	세페이드 고등학교 물리학 I (상,하)
내신 + 심화 + 기출, 시험대비 최종점검 / 창의적 문제 해결력 강화	고1 내신 기본서	고등학교 물리 I (2권) 내신 + 심화

* 무한상상의 〈세페이드 과학 시리즈〉는 국내 최초로 중고등과정의 과학의 전부와 과학 창의력 문제의 전부를
1F [중등기초] – 2F [중등완성] – 3F [영재학교 I] – 4F [영재학교 II] – 실전 문제 풀이 의 5단계로 구성하였습니다.
창의력과학 세페이드시리즈와 함께 이제 편안하게 과학 공부를 즐길 수 있습니다. cafe.naver.com/creativeini

창의력과학

세페이드

시리즈

세페이드

무한상상 교재 활용법

무한상상은 상상이 현실이 되는 차별화된 창의교육을 만들어갑니다.

아이앤아이 시리즈						
특목고, 영재교육원 대비서						
	아이앤아이 영재들의 수학여행	아이앤아이 꾸러미	아이앤아이 꾸러미 120제	아이앤아이 꾸러미 48제	아이앤아이 꾸러미 과학대회	창의력과학 아이앤아이 I&I
	수학 (단계별 영재교육)	수학, 과학	수학, 과학	수학, 과학	과학	과학
6세~초1	수, 연산, 도형, 측정, 규칙, 문제해결력, 워크북 (7권)					
초 1~3	수와 연산, 도형, 측정, 규칙, 자료와 가능성, 문제해결력, 워크북 (7권)					
초 3~5	수와 연산, 도형, 측정, 규칙, 자료와 가능성, 문제해결력 (6권)		수학, 과학 (2권)	수학, 과학 (2권)	과학토론 대회, 과학산출물 대회, 발명품 대회 등 대회 출전 노하우	
초 4~6	수와 연산, 도형, 측정, 규칙, 자료와 가능성, 문제해결력 (6권)					
초 6	수와 연산, 도형, 측정, 규칙, 자료와 가능성, 문제해결력 (6권)					
중등			수학, 과학 (2권)	수학, 과학 (2권)		
고등					과학토론 대회, 과학산출물 대회, 발명품 대회 등 대회 출전 노하우	물리(상,하), 화학(상,하), 생명과학(상,하), 지구과학(상,하) (8권)